数学通识讲义

理性逻辑的冰冷与浪漫

【韩】崔英起◎著

程乐◎译

中国出版集团 现代出版社

数学是一门追求美的学问。

目　录

第三章　　当思考的目光变高的瞬间
　　　　　——世界用数学来解疑

前　言

数学中的感动

数学无疑是美丽的，但只有你认真感受，才能体会到它的魅力。这里不得不提到我的大学时代，虽然那个时候我主修数学，但是丝毫没有感受到数学的美丽。因此我在那段时间充满了焦虑，带着满心的疑惑和对数学的渴望，我踏上海外求学之路。学习总归是让我有所收获，我慢慢体会到了数学的美，然后就有了为此而写本书的想法，并着手准备。

读者不禁会有疑问，那么复杂的数学怎么会让我们感受到美丽呢？我慢慢找到了关于这个问题的答案。那些简洁而优美的概念和公式，并非某个人花费一段时期的产物，而是数学家们穷极一生，用自己的生命和青春创造的东西，它们被当代的科学家们冷峻而严密地分析，被后辈科学家们积极努力地发展创新，然后通过书籍这种媒介传达给大众。

美是简洁的，同时美也是需要不断雕琢来塑造的。当我们用敬畏的心态去学习一个数学概念，领悟一个伟大思想的时候，我们难道不会感叹"数学竟然如此美丽"吗？

当我们怀着激动的心情，在旅途中遇到超乎想象的美景，我们会不由自主地感叹一声。当坐车行驶在桥上，突然看到西边的晚霞，我们偶尔也会被它的美丽感动得鼻头一酸。当我们欣赏一首诗，读到让人感慨万千的某个诗句时，也会发出类似的感叹，然后将这诗句深深地铭刻在心底。

数学之美大抵也是如此，与通过诗歌感受到的感动和喜悦一样，在理解数学思想和概念的过程中，我们同样乐在其中。

这本书以耳熟能详的数学术语和概念为基础，其中也涉及了现代数学中一些具有重大意义的理论成果，由易到难，深入浅出，让普通读者更容易理解。

我希望通过这本书能让大家感受到数学的美和价值，希望它可以成为大家思考数学本质的工具。同时，也希望这本书能够让读者对数学的教与学产生新的思考。

此外，对于那些一想起学生时代的数学，就产生负面情绪的人，希望这本书可以让他们从数学的噩梦中解脱出来。同时，也希望各位家长对数学有一个正确的理解，从容应对孩子的数学教育。

　　这本书在我妻子金善子（音译）细致的校对下，变得更加温暖和深刻。如果没有妻子的爱与帮助，这本书以及我的生活都不会如此丰富。同时，在这里我还要感谢张宝拉老师、杨恩宁老师在本书收尾处的精彩总结。

　　此外，我还要感谢激发我写这本书的刘在明教授、赵英达教授，以及研究生院研讨会小组的所有成员。同时，还有充满热情、仔细聆听讲座的本科学生，以及初/高中学生、老师、家长和普通受众，是你们给了我巨大的勇气，真心地向各位表示感谢。

崔英起

2019 年 3 月

第一章 ——————

数学
闯入生活
的瞬间

数学

用思索来解疑

宇宙是如此浩瀚无垠、包罗万象，当然也包罗着人们的生活。生活对于每个人而言都是一幅独一无二的画卷，我们每时每刻也都在用各种转瞬即逝的"点"来绘制关于自己的特定图案。此时此刻的你，又在用什么样的"点"来描绘着自己专属的图案呢？

点——

停顿的瞬间，真的很美

　　公元前 3 世纪，希腊数学家欧几里得（Euclid）在其所著的《几何原本》（*The Thirteen Books of the Elements*）中，开篇这样写道："点是没有部分的。"这句看似很简单的话却蕴藏着极其深刻的含义。这种"一切存在均来自虚无"的想法实在令人惊讶。换言之，这句话揭示了一种普遍性，即数学是"无中生有的"，任何所谓有部分的东西都是数学研究的对象。这也让我们不禁感叹，在那个久远的年代，欧几里得竟会有如此奇妙的想法！

　　动点成线，动线成面，而后这些点、线、面聚在一起成为数学研究对象的一种形态。欧几里得希望通过以点开始的《几何原本》来找到通往真理的大道。

然而关于点的故事并不局限于数学。比如在《圣经》创世记中，几乎所有的故事也开始于无迹可循的虚无。其实仔细想想就不难发现，所有的事物都只能从"虚无"开始。假如要让任何东西都来自严格的真实之中，那么就要对构成它的要素进行描述说明。从这个角度讲，无疑是不可实现的。

瓦西里·康定斯基（Wassily Kandinsky）——一位曾在美术史上掀起革命的抽象派艺术先驱者，他也主张构成世界的根本要素要从"点"出发，并以点、线、面的相互关系作为基础。

我们人类就如同那个"点"一样，存在于这茫茫宇宙之中。每个人的想法，更如同这微乎其微的"点"一样，存在于这个熙熙攘攘的现代社会中。尽管这些"点"小如尘埃，却蕴藏着无限能量。假设你的这些星星点点的想法持续存在，并且慢慢聚集起来，我想那必然会引发某种质变或革命，从而书写新的历史篇章。

可事实上，任何事物都会随着时间而流逝，人亦是如此。所以在有限的生命面前，我们时常会感到空虚和无力，也许人类就是这样一种不稳定的存在。无论在何种情况下，我们都渴求不变的真理，都在寻找永恒的规律，而这也是我们人类的欲望之一。

古希腊人在很久以前就认为，数学是一门寻求真理的学科。因此他们的很多哲学家同时也都是数学家。可想而知，在研究和探索数学问题的每个瞬间，他们内心必然是充满着真挚和使命感的吧！

再让我们回到点的问题。假设用"点"代表当前，那么当前的一瞬间也是没有部分的。但就像聚点成线一样，瞬间聚成时间，时间聚成过去，把所有的一切都融合在一起，就组成了我们的生活。

在歌德的诗剧《浮士德》中，浮士德曾想停留在人生中最美好的瞬间，并为此而出卖了自己的灵魂。的确，停顿的那一瞬间，真的很美。然而我们真实的生活却在随着时间流逝，就像大卫王在戒指上刻下的那句话——"一切都会过去"。

我们每天都在用瞬间的"点"创造生活的图画。而这幅画也在一笔一笔地画向终点——死亡。我们每个人将自己生活中的点聚成各式的线、各式的面，进而形成形态各异的关于生活的图画，就这个角度而言，关于生活中的每一个点，对于我们来讲都是独一无二且弥足珍贵的。

我们每个人都描绘着以时间和空间为坐标轴的生命之画，假如时光可以倒流，我们必然可以看到人生中过往的轨迹，站在数学的角度上，我们正在经历的或者曾经经历过的生活只存在于这个无限长的坐标轴上，然而这并不意味着生活是不存在的，恰恰相反，我们在这条坐标轴上留下了无数斑驳的痕迹，这也许就是生命的意义，难道不值得追求吗？

0——

熟悉且珍贵

　　两个阿拉伯数字"1"组成的新数字"11"，从古至今就是这样的含义吗？古人又是如何标记数字的？现在意义上的"11"在古罗马时代又有着怎样神秘而匪夷所思的含义呢？这一节，让我们一起来探究这其中的奥秘。

　　在遥远的古罗马时代，当时人们的计数方式和现在天壤之别，他们把"11"简单地认为是"1"和"1"相加，也就是"2"。比如：一个苹果是"1"，两个苹果是"11"，三个苹果是"111"……也就是说，我们今天意义上的"1，2，3，…"在遥远的古罗马时代是用"1，11，111，…"来表示的。我们不禁好奇，究竟是什么造就了古罗马人如此奇怪的计数方式呢?

今天的人们是无法完全还原古人生活日常的,但是我们可以猜测,比如,古代的人们是怎样用数字的方式来表示自己一无所有,或者囊中羞涩呢?也许他们觉得根本没有必要动脑筋去发明一个来记录"没有"的数字,又或者他们随随便便就用了一个"圆圈"代表某件没有的东西。假设后者成立,那么符号"0"就产生了。

"0"这个符号被赋予了没有或者空的意思。例如,"飞机上的头等舱订满了,剩余席位为 0"。并不是说没有头等舱座席,而是说头等舱座席已经满员,剩余为"0"。这里的"0"代表着两个意思:①这架飞机上设有头等舱席位,②本次航班上的头等舱席位已经卖完了。

现代人认为,数字"0"是个理所当然的存在,但我们也许不知道,数字"0"的发明被认为是迄今为止人类历史上具有革命性和创造性的想法之一。大家可能觉得匪夷所思,请继续往下看。数字"10"中用"0"来表示空,从形式上看,这里的"0"并没有什么实际含义，只不过填上了这个空白的位置罢了。从这个意义上讲，这里的数字也可以被任何有意义的数字替代，比如，填上 1 的话就成了 11，填上 2 就是 12。

那么"10"这个数有着什么实际含义呢？众所周知，10 是十个数字，或者代表十件东西。通过 10 这个数字，我们可以看到，因为有了"0"的存在，1 中的"1"和 10 中的"1"实际上并不处在同样的位置上，这样，也就诞生了"位数"这个概念。换句话说，在一串复杂的数字中，1 的位置不同，就被赋予了不同的含义，或者是一百，或者是十，或者是一，或者更大，或者更小。

由此看来，"0"的引入，改变了原来用"11"来代表两个东西的表达方式，最终"2"诞生了。同样，用"111"代表三个东西的表达方式也发生改变，"3"诞生了。可以说"0"的发现改变了数字的表达方式，让十进制表达成为可能。

因此，这当然是一次人类数学史上里程碑式的进步了。我们可以毫不夸张地说，"0"之于数学，就好比水之于自然，空气之于人类。然而，尽管"0"在如今的生活中早已与我们朝夕相伴，但是可能我们依然没有完全意识到它的价值。试想，如果我们生活的地球没有空气或水，那将是多么可怕的事啊。同样，假设数字"0"不存在了，那么，位数也不存在了，我们将要用怎样的方式来记录一串复杂的数字呢？来看看古罗马时代的数字表达和计算方法，你会更清楚地认识到"0"的重要性。

无"0"时期，罗马数字标记法

1=I	10=X	100=C	1000=M
2=II	20=XX	200=CC	2000=MM
3=III	30=XXX	300=CCC	3000=MMM
4=IV	40=XL	400=CD	
5=V	50=L	500=D	29=XXIX
6=VI	60=LX	600=DC	99=XCIX
7=VII	70=LXX	700=DCC	107=CVII
8=VIII	80=LXXX	800=DCCC	964=CMLXIV
9=IX	90=XC	900=CM	3864=MMMDCCCLXIV

用古罗马时代的数字标记法做一下乘法试试看。例如，算一下 964 个 3864，表达式如下所示：

MMMDCCCLXIV   3864

×   CMLXIV   ×   964

古罗马时代的标记法本身就过于复杂，毫无疑问，这令数学计算难上加难。但用十进制去求解 3864×964，我们很容易做乘法。所以说 "0" 存在的意义及其革命性毋庸置疑。

"0" 的发明意味着位数这个概念的产生，由此产生的四则运算，也使得大数字运算成为可能，而这无疑帮助了在工业革命时期对于大批量生产的管理。所以 "0" 的发现算得上成就了工业革命。

当然，使用 "0" 之前，还有正数 1，2，3，…和负数 –1，–2，–3，…，但当时人们没有意识到在 1 和 –1 之间应该有个空位。而后，当人们把 "0" 填进去，才发现了正负数之间是以 "0" 为中心完全对称的。如今，韩国仍然像发现 "0" 之前的时代一样，一栋楼中，地下一层和一层之间没有"0"层。想想看，对于这个革命性事件的反应，我们是否太过麻木，接受得太理所当然了？

三角形的面积——
简洁的真理

　　如果有人问你"如何计算三角形的面积？"我想你立刻会想到小学时背的公式：(底边长度 × 高度) ÷ 2。

　　下图三角形 *ABC* 的底边和高度有三对 (*BC* 和 *AP* ，*AC* 和 *BQ* ，*AB* 和 *CR*)，所以三角形 *ABC* 的面积应该是 $\frac{1}{2} \times BC \times AP = \frac{1}{2} \times AC \times BQ = \frac{1}{2} \times AB \times CR$。这看起来非常简单，但为什么是 $BC \times AP = AC \times BQ = AB \times CR$？假设这三个算出的结果不一致，那么应该以哪个为准呢？或者说到底是什么道理，让我们有了这样的自信，确保三者的乘积是相等的呢？

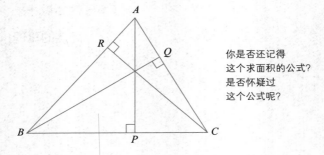

你是否还记得
这个求面积的公式？
是否怀疑过
这个公式呢？

　　我们对这个从小学就开始使用的公式的正确性是否曾经有过怀疑？如果以教师为对象进行问卷调查，你会发现他们中的大多数人从未想过这个问题。所以，现在让我们来思考一下。

　　如果你仔细观察，会发现 △BCQ 和 △ACP 是相似三角形（因为一个角和另一个角是直角，而 ∠C 是共同角），很容易得出 $BC \times AP = AC \times BQ$；同样，根据 △CAR 与 △BAQ 是相似三角形，得出 $AC \times BQ = AB \times CR$。所以 △ABC 的面积是矩形面积的一半。也就是说，三角形的面积是从相似的性质和矩形的面积中得出的。

　　这里让我们再进一步思考。矩形的面积就应该是

"底边 × 高度"这个公式吗？同样，我们要抱着质疑的态度来考虑这个问题。

实际上，所有矩形只存在于没有弯曲的平面上。在弯曲空间（如球的表面）中，是画不出长方形的。如果把这句话展开想想：因为地球是圆的，所以在地球表面上不能存在一个长方形，当然就不能用长方形的面积来求三角形的面积。

但为什么在现实生活中我们会用这个公式来求三角形面积呢？那是因为与地球的大小相比，我们平时想要得到的三角形面积非常小，即使把它看作平面，误差是可以忽略不计的。

这和很久以前人们认为天圆地方的概念相似。虽然学校的操场在地球表面上，但因为运动场比地球小得多，所以我们也认为它是平坦的。可想而知，这样相似的求解公式仅仅存在于平面上，假设在一个弯曲空间里，这个概念则是完全行不通的。假设把 △ABC 放在像地球仪一样的球上，$BC \times AP$、$AC \times BQ$、$AB \times CR$ 的数值一定不会一样。因此在弯曲空间中，三角形的面积必须用其他的方法计算。而这个方法需要学习大学以上水平的高等数学才能知道。

但是为什么我们没有对三角形面积的计算方法产生过疑问呢？也许是因为人类有对已知或者习惯性事物完全接受的倾向。即使社会结构存在任何矛盾，成员们也会习以为常。假设你对原本认为理所应当的事情产生了疑问，或许你会得到些深刻的领悟。对于习惯性问题保持质疑态度，一直是数学研究中至关重要的一部分，无论是对爱因斯坦的相对论，还是其他辉煌的科学发展成果。因此，三角形的面积公式并不像我们看到的那样简单，仔细观察也许就会发现这里面可能隐藏着宇宙的奥秘。

"1"是质数吗？———

和人生一样，数学也面临着无数的选择

　　生活就是一系列的选择，比如我们总要在未知的两条路之间选择一条，而对另外那一条没有走过的路满怀遗憾。有一首诗，可以很好地表达这种心情，就是罗伯特·弗罗斯特的《未选择的路》。

　　黄色的树林，前路分成两股（中略）

　　岁月流逝，将来的某时某处，

　　我会在叹息中想起：

　　两条路在林间分开，而我——

　　选择了人迹罕至之途，

从那一刻起，一切差别已成定铸。

同样，生活中遇到的选择也会出现在数学中。大多数人认为数学是根据定义寻找逻辑归纳的学问。然而未必如此。因为在数学中，有时你不得不选择一方，并且需要怀着永不后悔的决心来进行选择。从古代开始，人们就在数学上做了这类选择，如今回望过去，也确认它是最具智慧且合理的。

在定义"什么是质数"时，我们就把如何处理"1"放在了选择的十字路口。定义质数，可以从以下两种选择中选择一个：

选择1：质数是只能被1和自身整除的自然数；

选择2：质数是只能被1和自身整除的，大于1的自然数。

让我们先来看看用"选择1"定义质数时的情况。"质数是只能被1和自身整除的自然数"，这个定义在表达上非常自然，且简洁明了。但如果将 1 定义为质数，那么就会与质因数分解的唯一性相悖。所谓质因数分解是指把一个自然数（合数）用质因数乘积的形式表达出来，以 12 为例说明如下：

$$12 = 2 \times 2 \times 3$$
$$= 1 \times 2 \times 2 \times 3$$
$$= 1 \times 1 \times 2 \times 2 \times 3$$
$$= 1 \times 1 \times 1 \times 2 \times 2 \times 3$$

在"选择 1"情况下，对 12 进行质因数分解，会出现反复乘以 1 的情况，质因数分解的方法不再是一种，可以有很多种。这与质数因式分解的唯一性相矛盾。

在数学中，质因数分解的唯一性是一个非常重要的性质，它丰富了数的构造。因此如果你用"选择 1"来定义质数，虽然表达上自然，但在构建数学体系时，因为无法保证质因数分解的唯一性，会使数学体系失去很重要的结构，最终你会后悔做这个选择。

现在看看"选择 2"定义质数的情况。"质数是只能被 1 和自身整除的，大于 1 的自然数。"能被 1 整除又大于 1，把 1 排除在外，这表达有些拗口。但如果在两者中必须做出选择时，在数学定义上会选择"选择 2"而非"选择 1"，尽管"选择 2"的表达不太自然。那为什么在表达上如此不自然，我们还会排除"选择 1"呢?

和 $12=2 \times 2 \times 3$ 确定唯一的质因数分解同理，如果将 1 从质数中除去，那么将自然数质因数分解为质数时，可以确保质因数分解的唯一性，从而会产生随之而来的数学上其他的不同结构，这恰恰丰富了数学的结构。即质因数分解的唯一性结果丰富了自然数的结构，可以揭示出自然数结构的深层特征。所以数学中关于质数的定义就是"选择 2"，且永不后悔。

下面让我们用质因数分解的唯一性来解决高中数学中学到的以下内容。

例子：证明 $\sqrt{2}$ 是无理数（不能用两个整数之比的形式表示的数，即不能用分数表示的数）。

证明：假设 $\sqrt{2}$ 可以用分数的形式表示，即 $\sqrt{2}=\dfrac{p}{q}$（p，q 为正整数），我们把两边平方就得到了 $p^2=2q^2$。将左边的 p^2 质因数分解，所有质因子都以偶数次出现，质因数 2 没有或个数为偶数。同理，将右边的 $2q^2$ 质因数分解，质因数 2 的个数为奇数，这与质因数分解的唯一性相矛盾。因此 $\sqrt{2}$ 不能以分数的形式出现，它是无理数。

质数是构成自然数的基本要素，然而我们对质数的性质仍然不太了解。它依旧复杂难懂，并且曾在一段时间内还被广泛地应用在密码学当中。

就像数学一样，生活也是由一系列选择组成。为了让今天的选择不在明天感到遗憾，当处在十字路口时，我们需要运用合乎逻辑且理性的数学精神。然而作为人类，我们的选择注定是不完美的，也许某个选择终究会让我们有朝一日感到后悔，而这个时候最重要的是用谦虚和积极的心态去面对这些结果，鼓足勇气重新站起来。

平行四边形——
拱形，抵住岁月

    古代的拱形建筑是如何做到经过数千年的岁月侵蚀，依旧屹立不倒的呢？还记得小学时学过的平行四边形吗？如果你了解它的性质，我相信这个问题肯定会迎刃而解。

    拱形建筑将上面的承重依据平行四边形定则（后面将说明）合理地分配到相邻石块上，然后再将这些荷载一点一点转移到坚固的柱子上，再由柱子分流到它所根植的大地。

    拱形建筑就是这样先将力传递给相邻的石块，再被石块的阻力抵消而实现最终的平衡。这便是一座有着千年历史的拱形建筑，能抵住岁月侵蚀的理由。

拱形何以有这样不可思议的力量？我们已经知道，那是各方力之间相互平衡和分配的结果。把石头的荷载相互分担，以此来抵抗岁月的侵蚀。分担的力越多，能够承受的重量就越多。可以说，拱形结构中融入了分享与合作的美好精神。

把四个蛋壳切成两半，做成拱形，如果把这四个拱形的蛋壳做成方形，然后在上面放一个十几千克的苹果箱子，它会怎样呢？让人惊讶的是，脆弱的鸡蛋壳并没有碎。原因在于蛋壳懂得"分力"。因此，蛋壳虽然很薄很脆，却能承受外来的较大压力。这个原理若用平行四边形表示，如下图所示：

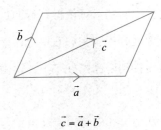

$$\vec{c} = \vec{a} + \vec{b}$$

上图平行四边形中，力 c 被分解成力 a 和力 b，

而力 *a* 和力 *b* 结合在一起，又变成了力 *c*。即，根据平行四边形定则，力有时分解，有时合成。

在数学上，根据平行四边形定则说明力的合成或分解时，会用到向量（vector）这一概念，并用箭头标记来表示力的方向和长度（也就是大小）。在数学上用向量表示力，这个构想之所以伟大，是因为通过向量概念的引入，力就可以像数字一样进行加减法运算。将难以处理的载荷问题顺利解决。这是一个惊人的想法。

在大自然中还有很多事物像拱形一样来抵挡岁月的侵蚀。比如我们人类的脚掌。它就形似拱形，即使脚掌弱小，它依旧可以支撑起沉重的身体。也许古人就是因为发现了人类脚掌的奥秘才创造出拱形建筑物的吧？

如今看来，拱形里分享和合作的精神也给我们的生活带来了很大的启示：俗话说，分享痛苦，苦痛就会微乎其微。共同分享，共同合作，我们的生活才能过得越来越轻松。

多边形外角——
寻求不变的真理

　　在河边随处可见的圆石，从一开始就是圆的吗？
当然不是，它们最初都是棱角分明的。它们从山上向
下滚落，沿途不断碰撞最终落入溪水，在流水的侵蚀
下渐渐变得光滑、圆润。现在让我们用数学思维来分
析下石头棱角被磨平的这一过程。

　　石头被一次次地削割，棱角变得圆润，这好比是
将一个突出的棱角部分从本体分离的过程。这个过程
可以用数学语言表达为："石头在变化过程中依旧保持
本身外角和不变的性质。"为什么这么说呢？接下来，
让我们用数学的方式说明下其中缘由。

我们在小学和中学时都学过，任意凸多边形的外角和均为 360°，不管它有三个角还是二十九个角，不管它的形状大小，外角和为 360° 永不改变。这个在课本上学到的内容，我们仔细想来，确实让人惊奇且意味深长。让我们通过后面的图片来详细了解一下。

将三角形切除一角，变成一个四边形，它的外角和为 360°，再从四边形上切除一角做成五边形，外角之和也是 360°。像这样六边形、七边形、八边形……最终可以发现，它们外角和总是保持在 360°。

当三角形被切除一角时，它会发生某种变化。把包含一个顶点的棱角切掉，就会产生两个新的顶点。仔细观察你会发现，与原来的顶点相比，新出现的两个顶点并没有那么尖。在数学上，顶点越尖说明它的外角就越大。

图中的三角形中，切掉外角为 120° 的顶点后，得到了两个新的顶点，它们每个顶点的外角均为 60°。尽管图形在不断变化，但外角和依旧保持不变。

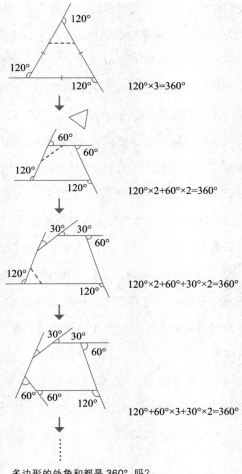

120°×3=360°

120°×2+60°×2=360°

120°×2+60°+30°×2=360°

120°+60°×3+30°×2=360°

⋮

多边形的外角和都是 360° 吗?

我们在生活里常常听到"万变不离其宗"这句话，然而在数学上我们把这种不变的特性称为"不变量（invariant）"。

"无论是凹的还是凸的多边形，其外角和均是360°。"这就是不变量。换句话说，所有的多边形都具有外角和不变的性质。此外，正多边形的外角和也是360°，当正多边形的边数不断增多，形状接近圆时，圆的外角和也是360°。

这种性质在三维的立体图形中也是成立的。无论是凹形还是凸形，三维中任意的多面体外角和均为720°。为了方便理解三维图形，我们可以把它看作一个多面体的石头。石头在来回滚动的过程中，虽然棱角被逐渐磨平，但它的外角和却始终保持不变。

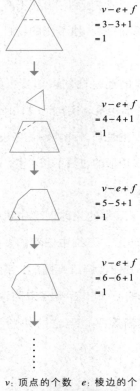

$v - e + f$
$= 3 - 3 + 1$
$= 1$

$v - e + f$
$= 4 - 4 + 1$
$= 1$

$v - e + f$
$= 5 - 5 + 1$
$= 1$

$v - e + f$
$= 6 - 6 + 1$
$= 1$

v: 顶点的个数 e: 棱边的个数 f: 面的个数 数学家欧拉发现, 顶点数、边数和面数间存在着紧密的联系。

　　另外, 我们可以从另一个角度, 即通过顶点数、边数和面数之间的关系，来思考这一特性。如图所示，在图形中，设 v 是多边形的顶点（vertex）个数，e 为棱边（edge）个数，f 是面（face）的个数。

不论多边形如何变化，$v-e+f=1$ 依旧不变。我们把 $v-e+f$ 的不变值称为欧拉数（Euler's number）。最早发现顶点数、边数和面数间存在这种紧密联系的正是瑞士数学家、物理学家欧拉。欧拉的这一发现意义深远，拉开了数学核心——拓扑学的序幕。

回顾历史，首位从外角来证明图形恒定性的数学巨擘是笛卡儿（René Descartes）；第一位从顶点数、边数和面数的关系中认识到图形具有不变性质的人是欧拉。

但在这里还不得不提及另一位天才——德国数学家高斯（Garl Friedrich Guass）。他认为：同一图形的这两个不变的特性其实本质殊途同归。例如，三角形的三个边相等或者三个角都相等，这就意味着两者都具有正三角形的性质。

然而，在变化过程中似乎存在着两个完全不同的不变量——外角和与欧拉数。但事实上，这两个不变量也是相互关联的。外角和与欧拉数之间存在着如下关系：

多边形的外角和 = ($v-e+f$) × 360° = 欧拉数 × 360°

这种关系在立体图形中也成立：

多面体的外角和 = ($v-e+f$) × 360° = 欧拉数 × 360°

根据上述公式可知，任意多边形中均有 $v-e+f=1$，多边形的外角和 = ($v-e+f$) × 360° =1 × 360=360°。同时，任意多面体中均有 $v-e+f=2$，多面体的外角和 = ($v-e+f$) × 360° =2 × 360° =720°

从山上滚落的岩石，只要表面完好如初，顶点数、边数和面数间的关系（欧拉数）就是不变的，其外角和也是固定不变的。原来数学定律也可以在自然现象中得到证明，真是既科学又有趣啊！

但如果石块在滚落途中表面发生改变，那会怎样呢？欧拉数会发生变化，外角和也会随之改变。例如，石块上出现一个洞，欧拉数就会变成 0。在数学上，我们把这类现象称为"拓扑性质的变化"。

人生也如石块一般，初出茅庐，我们棱角分明，然而有时这些棱角却害人害己，所以我们不得不把自己一点一点变得圆润。

就像原本嶙峋的石块在运动中逐渐被磕碰、切削，最终成为光滑的石块一样，人的性情也是如此。人与人之间争吵、磨合，在经受一番岁月的历练之后，最终就会像一颗颗石块般变得性情圆滑。这也许就是性格成熟的过程。

然而即使如此，我们依然还保留着某些最初的样子，并因此而感到人类的不完美。其实大可不必，即使是再成熟的人，性格中的某些最初的特点也不会完全消失，就像石头再被风吹雨打，也不会变成一个完美的圆一样，我们原本鲜明的性格特点只是在被岁月无情打磨过后，变得稳重，变得沉着，变得不再那么锋芒毕露而已。它仍然镌刻在我们内心深处的某个地方。

石头会随着滚动、破碎，而出现一个洞，欧拉数，外角和也相应发生变化。石块上的洞意味着石块的本质发生了变化，但人却不会。我们即使经历过千般苦难，也初心不改。我们所经历的每一次苦难，只会成为让自己更加成熟的基石，这只不过是人类生活中"拓扑性质的改变"。

当我们对生活感到厌倦时，当我们为了实现自身拓扑性质的变化时，我们需要一些东西来和解。对于石头来说，它是一个洞。那对于我们会是什么呢？或许只有当我们认识到，能够超越自身的"洞"是什么的时候，我们才能真正地改变了。

方程式——

解题的线索是什么？

"毕达哥拉斯先生，您有多少学生呢？"毕达哥拉斯
回答道："我二分之一的弟子在探索数学之美，四分之
一的弟子在学习自然的规律，七分之一的弟子在沉思，
另外还有三名女弟子。"

那么，毕达哥拉斯究竟有多少弟子呢？虽然毕达
哥拉斯的回答可能有点荒诞，但如果用数学方法进行
计算，可以很快得出答案。

首先，我们把想要求解的数设为 x。因为要计算

的是毕达哥拉斯所有弟子的人数，所以 x 是个整数。接下来，只要找到有关 x 的线索就可以了。

依据给出的信息，我们很容易得出：探索数学之美的弟子有 $\frac{1}{2}x$，学习自然规律的是 $\frac{1}{4}x$，陷入沉思的为 $\frac{1}{7}x$，女弟子是 3，所以全部的弟子数为 $\frac{1}{2}x + \frac{1}{4}x + \frac{1}{7}x + 3$，这些数的和为 x，所以 $x = \frac{1}{2}x + \frac{1}{4}x + \frac{1}{7}x + 3$，$x = 28$。像这样利用数学式，我们就可以很快计算出全部弟子数为 28。

数学求解的常规操作是，先将文字转化为数学语言，将其中要求解的设为 "x"，然后通过包含 x 的表达式（方程式）进行求解。

在转换成数学语言时，最关键的是要过滤不必要信息。比如本题中，毕达哥拉斯是什么样的人，是哪个时代的人，弟子们都如何修炼，等等，这些都是不相关信息，需要全部过滤掉，将重点放在弟子的数量上。以后，如果遇到了这类问题，就可以用相似的方式求解。简而言之，这就是对一般情况进行精练。

在解决问题时，只要把未知的 "x" 代入进去，问题就已经解决了一半。事实上，这个看似理所当然的过程，一旦实际操作起来却很难。熟练掌握数学语言也是需要时间和努力的。就像孩子学说话时，从蹦单词到运用句子需要相当长的时间一样，运用数学语言也需要长时间的积累才能熟练。而且其中的过程对于大多数学生来说，可能很无趣。

爱因斯坦小时候也觉得这个过程很无聊，不喜欢学习解方程，对数学也渐渐失去了兴趣，但在他叔叔的教导下，他重新对数学产生了兴趣，并全神贯注投入其中。他的叔叔利用讲故事的方式来引导爱因斯坦去解决问题。他解释说："我们想要求解的 'x' 是犯人，其余的条件是证据。"他让爱因斯坦通过找线索来解决问题。运用这样的方法，爱因斯坦终于对解方程产生了兴趣，也对数学重燃希望。此后，在他创造伟大理论的过程中，数学给了他很大的帮助。

解方程式的关键是找到线索。但很多时候若把一个简单的问题想得太过复杂，反而会让解题变得更困难。不仅在数学上，在生活中也是如此。解方程式就是解决问题的方法之一。如果我们把它应用到生活中，我们的生活也可以说是问题解决过程的延续。生活中遇到的问题多种多样，每个问题的线索不同，解决的方法也不尽相同。但唯一不变的是，任何问题都一定有线索，而它便是解决问题的关键点。找到线索并按部就班地跟进，才能解决问题。但在某些情况下，逆向思维也是解题的好方法。

在人与人之间发生纠纷，或是警察在查明凶手时，找到线索是很重要的。这类情况下，如果找到线索，循序渐进，问题往往会得到解决。

相反，有些时候解决问题的线索与我们的想法有很大的差距。这时就需要我们及时转换想法或改变习惯。最典型的例子就是基督教中解决仇恨的方法，它不是通过复仇来得到心理上的满足，而是通过宽恕来获得与生命的和解。

数学上进行转换思想，也可以轻松解决问题。请看以下问题：

有 99 名男性和 1 名女性参加了某个聚会，男性的比例为 99%。但在派对上，有几个人离开了，男性的比例变成了 98%。问：有多少人离开？

乍一看，你可能觉得答案是 1~2 人。现在让我们来求解，看看结果是否真的如此。此题中我们想求解的是离开的人数，所以在这里把离开的人数设为 x，我们暂时先考虑下其他的问题。女性的比例从最初的 1% 变成了 2%，显然，在这里处理 1%、2%，比处理 98%、99% 更明智。女性 1 人留下，x 名离开，剩余的人数则为 $100-x$，那么 $\frac{1}{100-x} = \frac{2}{100}$（2%）$= \frac{1}{50}$，即 $x=50$。所以说答案不是 1~2 人，而是 50 人。给出的条件（线索）和我们的预想居然是完全不同的结果。

在生活里遇到的无数个问题中，有时很难找到线索，即使找到了，在解决问题时，我们也难免会走些弯路。但是，试错绝不等于失败。你可以从失败中吸取教训，也能收获更多的智慧。它是一件法宝，是你解决问题的不二法门。

数数——

让有限之光照进无限

通常，我们很容易认为数数的行为是与生俱来的，是人类本能的认知。但事实上，数数中隐含着高度抽象性。很早以前，我们还没有计数的概念，当需要计算某物的个数时，必须把它对应到另一个物体上。

试想，在很早以前，人们养了那么多的羊，究竟是怎么猜到羊的数量的呢？神奇的是，人们虽然不知道计数的方法，但只要出去的羊没回来，他们就会马上知道。这究竟是怎么做到的呢？

翻阅古代资料，我们经常会发现资料中记载了一些里面装有鹅卵石的罐子，这便是答案。每出去一只羊，人们就把罐子里的石头拿出去一块，等羊一只只回来时，再把石头一块块地放回去。人们就是通过这种对应方式来确定羊的数量，衡量是否所有的羊都回来了，是否应该出去寻找丢失的羊。

就像这样，每只羊对应一块石头。在数学上被称为"一一对应关系"。这样的一一对应是人类最自然的思考方式。然而，数数、算术并不是与生俱来的，我们之所以会产生这种错觉，是因为很长一段时间以来，人类运用数数太过于自然，让人误以为这是一种人类的本能行为。

打破这一错觉的人是19世纪德国数学家康托尔（Georg Cantor）。康托尔，也是集合论的创始人，他通过一一对应关系，想出了从有限到无限的系统性方法。根据康托尔的集合理论，若两个集合存在一一对应关系（一一映射），两个集合的密度（基数/势）相同。即，集合中元素个数的多少相等。

自然数集合的密度和它的一部分偶数集合的密度相等，存在一一对应的关系。如下图所示。

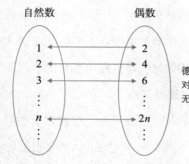

自然数   偶数

德国数学家康托尔通过一一对应关系，想出了从有限到无限的系统性方法。

　　我认为康托尔提出的这种一一对应关系或许是唯一一个走进无限的神来之笔。同样令人惊讶的是，利用数学方法可以证明，一年内的时间密度和两年内的时间密度是一样的，而且三年、四年的时间密度也是一样的。

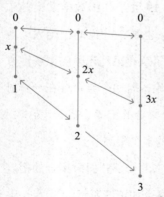

一年内的时间密度和两年内的时间密度是一样的，即使世界是有限的，在数学中也绝非虚无。我们可以在一秒钟的时间内感受到无限。

还比如蜉蝣和人生命的长度。对于人类来说，蜉蝣的生命可能只有一天，但蜉蝣会在一天里，结伴生下幼崽，与人类生存的百年无异。同理，一秒的时间密度和一万亿年的时间密度相等，一万亿年的时间密度和一万亿亿年的时间密度是一样的……以此类推，我们便可以在一秒钟的时间内感受到无限。

在这个概念的基础上，我们可以将整个世界完全投射到自己的心里。尽管我们的生命是有限的，但是我们的内心完全可以像整个宇宙一样，广袤无垠，不休不眠。

数学是横跨了有限和无限的学问。也许你也可以在数学里遇见神。就像一些数学家说过的，他们在有限的最后遇到了上帝。人类通常会在超出自己能力范围的地方寻找上帝，以求内心的平静与安逸，特别是在生命将要走到尽头的时候。

函数——

在秋天写封信

什么是函数？每当提及函数，我就会想到《秋天的信》这首歌，可能是因为函数和信件间有着某种相似之处吧！

秋天到了，想要写一封信，无论寄给谁，都请接受吧。

写信的前提是既要有发件人，也要有收件人。函数也是如此，它同样需要满足以下性质：

1. 一一对应；

2. 有发送方必有接收方。

在函数求解时，重点在于以何种方式来建立对应关系。比如，我们可以用名字来对应某人，也可以用年龄来对应，还可以用该人所属的国家来对应。在数学上，诸如此类的对应规则称为函数。有趣的是，数学中每种对应方式都具有规律性，通过发现二者间的规律，就可以知道二者的关联。

例如，一辆汽车在京釜高速公路上以 110 km/h 的速度行驶，那么 t 小时后，汽车行驶的距离是 $110t$ km。如果我们把这段距离设为 y，那么就会得到 $y=110t$ 的函数式。这时如果知道 y 或 t 中任意一方的值，就自然而然地可以求解另一个。通过两者的关系，我们可以知道，当韩国首尔到釜山的高速公路里程为 450km，时速为 110 km/h 时，汽车不间断行驶的话，到达目的地需花费 4 个多小时。

这里还有一个重要部分不可忽视，那就是 y、t 这类符号的使用。使用符号的目的在于消除语言的模糊性，使函数式摆脱特定情况的局限。在 $y=110t$ 表达式中，重点是讨论符号 y 和 t 的相互关系，依据表达式我们很容易知道：随着 t 的变化，y 也会成比例改变。而且，在某种程度上 110 也是一个决定比例的数字。

由此可知，使用符号将公式完全抽象化，让我们可以自由地探索"如果"这个世界，创造在其他情况下也能很好适用的普遍关系。

也就是说，$y=110t$ 不仅可以类比京釜高速公路的距离和时间，还适用于其他个别情况。比如，一个月攒 110 万韩元，t 个月后将有 $110t$ 韩元，若想筹到 450 万韩元，就需要 4 个多月的时间。再比如，地球到月球的距离大约 384400km，如果时速在 110km 左右，大概需要 3494 个小时，按日算大约为 145 天。这类想象也可通过公式来完美地表达。

所以在某些情况下，如果相互对应关系与上述例子相似，且具有比例性，我们就可以得出决定其程度的那个数，而后将其归结为函数 $y=at$（a 是确定其程度的数），凭借它处理适用于 $y=at$ 的所有现象。

举一个例子。球的体积与半径的立方成正比，这在数学上用函数表示为 $V=\frac{4}{3}\pi r^3$。V 代表体积，r 代表球的半径，$\frac{4}{3}$ 是决定比例程度的数。同样的道理，在相似的物体上，它的体积与长度的立方成正比。所以当你挑选西瓜的时候，如果西瓜半径相差 2 倍左右，那么体积将相差 8 倍左右。

再比如，父亲和儿子的外表非常相似，身高相差 2 倍左右，那么体重会有 8 倍左右的差异，如果吃的东西和体重成正比，那体重也会有 8 倍左右的差距。

当然，函数关系除了成比例之外，还有其他各种形式。如果你可以将函数关系用数学表达式呈现出来，那么对现象的理解就更深了一步。所以我们在探索各种科学现象的关联性时，都希望将它们用函数来表达出来。

如果一个现象可以用函数来表达，那么我们就可以利用数学技巧分析该现象，并由此领悟各种不同现象所呈现的道理。因为这种卓越性，在自然科学、经济学、社会学等各个学科中，当我们要研究关系现象时，运用函数是一个非常好的方法。

和众多与函数相关的学科一样，我们的生活也和函数有着千丝万缕的联系，你一生中遇到的各种人或者事，你的所有经历，都会和你在某时某刻成为一种特殊的对应关系，从而影响着你人生各个阶段的走向。史蒂夫·乔布斯就将"每一天"与今天是"最后一天"相对应，每天都竭尽全力努力地生活着。

既然人生中的遇见是如此重要，那么一本好书，一对好父母、一个好老师，都值得我们去好好对待，因为我们之间的相处都会带来积极的结果，形成一个积极的函数。同样地，在与别人交往时，我们也应该努力使自己变成那个会给别人带来积极影响的人，这样互相帮助，互通有无，如此形成的良性循环会让生命中的每一次遇见都熠熠生辉。愿书本前的每一位读者都能认真对待生命中的每一次遇见，也许它会与你建立一个积极的函数，让你的人生更加丰富多彩。

数轴——
完美的相遇

两个不同的人相遇，他们有时会隐藏自己原本某些鲜明的性格特点，有时也会为了保持两人交往过程中的某些平衡，努力提升自身的各方面才能。

舍 / 得

热 / 冷

去 / 来

就像上面这些意思截然相反的词，它们的相遇，或许才更能凸显各自的意义一样，只有实现平衡和协调的那一刻，才会闪耀出自身光辉的美。当然，在数学中也有这样的相遇。

一、正数与负数的相遇

负数，作为与正数相对的数，它的产生并不像后者一样顺利，而是经历了很长时间。像我们现在这样流畅地使用负数，是 17 世纪左右才开始的。在此之前，人们并没有把负数当成数。虽然希腊时代的人们对数的研究非常深入，他们甚至认为"万物皆由数组成"，但这也仅仅是对正数而言，并没有关于负数的研究记录。

到了近代，虽然有了负数的概念，但人们并没有欣然接受并迅速使用它。直到 17 世纪后期，数以数轴上的点来对应的时候，负数才开始被使用起来。我们把原点设为 0，右边用 +1，+2，+3，…表示，左边用 −1，−2，−3，…表示。于是，数具有了围绕原点，正（＋）、负（－）对称的性质。自此，负数终于在数学上站稳了脚跟。数就是通过这样的对称性来追求均衡和普遍之美的。

让我们以"2−2=0"为例，一起看下数所具有的普遍性。走了两步，再回退两步就回到了原地。得到2又失去2，就是初始状态。通过"2−2=0"，我们很容易这么去思考。另外，气温升了2℃又降了2℃，就是原来的温度。由此，我们明白了一个普遍真理：有得到就有失去。

舍与得的道理实际上常伴我们人生左右。比如，我们通过努力让自己的事业获得了某些成就，相对地，我们也会失去某些东西，比如我们与家人相处的时间，或者是我们自身的健康，等等。毕竟人生就如同"零和博弈"（zero-sum game），有赢必有输，有得必有失。

这种对称的普遍性概念，是社会科学等许多学科的基础。然而值得一提的是，对于这样普遍存在的对称性，也有人提出过质疑。这个人就是行为经济学家理查德·塞勒（Richard H. Thaler）。

塞勒认为，"2−2=0"在心理学上可能是错误的。他认为，我们偶然得到1万块钱时的喜悦与损失1万元时的伤心相比，后者的情绪或许更强烈些。此外，他对自己的主张以及类似的心理失衡进行了严格的论证和实验，最终在 2017 年获得了诺贝尔经济学奖。

二、数和空间的相遇

数轴的发现在数学史上意义深远。甚至可以说，数学系学生在大学课程中所学的一切都与数轴相关。

数和空间的相遇就是在数轴上发生的。代数与几何的相遇，数和空间的相遇，这奇妙的相遇，所形成的惊人的形状，便是数轴。可以说，不同结构的相遇，让数学变得更加丰富。在详细了解数轴之前，让我们一起先来看下，人类综合思维的成果——计"数"。在以下示例中，你能找出哪些共同点呢？

夫妻 / 一对鸳鸯 / 由于没吃早饭、午饭，肚子很饿

夫妻成双入对，鸳鸯比翼双飞，其实上述的种种都有一个共同的特点——"2"这个数。我们找出"2"这个共同点，实际上就叫作抽象，而这个过程就是"数"的概念。

在数轴上负责空间的这部分直线，就像是流星划过夜空所留下的那一条无尽的轨迹，它不断地延伸，也许到了宇宙的尽头，而这条完美的轨迹一旦与数字结合，就形成了数轴。这条数轴在数学上非常完整。不论是从代数上还是解析几何上，它都是一个非常漂亮的数学对象。可以说数轴是数和空间相遇，所产生协同效应的惊人产物。

人与人之间的相遇相知是不是也和数轴的数学意义一样呢？就像数和空间的结合创造了美丽的数轴，芸芸众生之中，两个人素昧平生，然后不期而遇，也许最终喜结连理，也许成莫逆之交，细细想来，生命之美，其实尽在其中。

数的体系——

和我们人类一样，"数"也在不断地成长

　　"数"是早就存在，而后被人类发现的，还是后来才被人类创造出来的？假设它是上帝创造的，是否外星人也能发现"数"呢？德国数学家利奥波德·克罗内克（Leopold Kronecker）说了这样一句话：上帝只创造了自然数，其他所有的数都是人类创造的。这句话从侧面反映了人类在不断地努力思考，由此建立了自然数→整数→有理数→实数→复数的概念，并且还在尝试扩大数的范围。

　　观察数的扩张过程，会让人联想到有机体的生物学特征。数的体系不断弥补自身的不足，这个过程难

道不和生物进化类似吗？就像生命体在进化的过程中一旦出现问题，基因就会尝试着为了生存而自我进化一样，数的体系一旦出现问题，人类也会通过扩展数的系统，并构造新的数来解决这个问题。那么，让我们仔细来看看这个过程。

众所周知，数字1，2，3，4，5，…被称为自然数。但如果这个世界上只存在自然数，那么2减去5是多少？答案就变得模棱两可了。因为自然数在减法方面比较弱势。遇到这类问题后，人们经过很长时间的思考终于找到了解决良策。那就是引入0和负数的概念，构建"整数"体系。

整数由…，-5，-4，-3，-2，-1，0，1，2，3，4，5，…构成。在整数中，2减5等于负3，我们用符号"-"来表示负，把它写成"2-5=-3"。这样一来任意加减法都可以通过建立表达式来解决问题。那么，整数就没有任何缺陷了吗？其实如果只存在整数，在做乘除法的时候便会遇到问题。当求解2乘以某个数得到3时，在整数中是永远找不到这个数的。不难看出，整数在乘法和除法中是有些缺陷的。

为了解决这个问题，人类又引入了"分数"的概念，构建了"有理数"体系。有理数由一组数构成，若 a、b 为整数、b 不为 0，则 $\dfrac{a}{b}$ 是有理数。在这个系统中，我们可以任意进行乘除法运算。在有理数中，$\dfrac{a}{b} \times \dfrac{c}{d} = \dfrac{ac}{bd}$，当 $\dfrac{a}{b}$ 乘以某个数为 $\dfrac{c}{d}$ 时，这个数为 $\dfrac{bc}{ad}$。像这样由分数组成的有理数系统，算得上可以进行任意加减乘除运算的完美系统。

难道有理数的系统就不会有漏洞？要了解有理数系统的弱点就必须知道极限（limit）这个概念。对于每项都由有理数组成的数列 $\{a_n\}$，这个数列收纳的极限值不一定是有理数。非有理数 $\sqrt{2}$ 就存在于该数列，如下所示：

$$a_1 = 1.4, \quad a_2 = 1.41, \quad a_3 = 1.414, \quad \cdots, \quad \lim_{n \to \infty} a_n = \sqrt{2}$$

这意味着如果我们只在有理数系统中进行数学研究，那么就无法使用数列这个非常重要的工具。在数列极限值未知的情况下，探索数列是没有意义的。此外，数列的极限概念也是微分和积分中的重要内容，所以在有理数系统中，是无法建立微分和积分方程的。

有理数系统在极限值上存在漏洞，于是人类继续寻求更先进的系统，最终想到了解决方法，找到了一个非分数的数，即无理数。构建了"实数（real number）"体系。在实数中，极限过程（limit process）可以自由实现，微分和积分的概念也可以完成。

这看似解决了所有难题。但当你解方程式时还是会发现这样一个问题。一个以实数为系数方程，有时在实数中找不到方程的解。例如，$2x^2+1=0$，二次项的系数是实数 2，常数项的系数是实数 1，但在实数中却根本找不到 x 对应的值。最终，实数体系被证实，在求解方程方面仍然有不足之处。

人类经过思考和探索，终于找到了一个解决方案，它就是扩展实数范围，引入"复数"体系。在复数体系中，任何具有复数系数的多项式都有一个根。当然，也可以认为实数也包括在复数中。如下所示：

$$\sqrt{3}x^3+(i+1)x^2+(\pi+3i)x+\sqrt{5}i=0$$

不论系数是多复杂的三次方程式，它都必然有三个复数解。

如果复数是完美的，那么数的扩张过程是否就此终结呢？当然不是。复数的系统也遇到一些问题。就像任何事物不可能在所有方面都尽善尽美、面面俱到一样。人类对于数的探索过程还将无休止地继续下去。

让我们回到最初的问题。数是本来就存在，而后才被人类发现的吗？换句话说，数是在人类理性思考下探求到的存在吗？还是作为人类创造的一项发明，反映了人类的思考和发展？

尽管无法断定答案，但有些东西是明确的。数如同生命体一样，在发现缺陷而后完善的过程中不断成长。数是永远处于运动状态下的。所以，数学绝对是一门迷人的学问，让人无法厌倦。

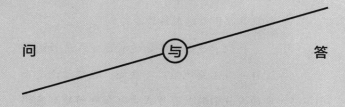

问　　　　　与　　　　　答

韩国学生真的擅长数学吗?

尽管可以从积极的方面回答这个问题，但我想在这里谈及令我忧虑的方面。

最近在多项国际性学业成就评估中，韩国学生的数学成绩一度名列前茅。另外，生活在美国或欧洲的父母可能都知道，由于留学或驻外等原因，韩国学生不熟悉该国语言，在刚开始学习时会遇到些困难，但总的来说，数学依然学得很好。究其原因，或许和韩国学生数学学习量大有关，这使得他们更擅长快速求解的方式。我姑且认为，韩国学生数学成绩优异的原因在于西方教育或许不太注重培养孩子快速求解的方式。

我们（韩国）的数学教育方式是否还要这样一成不变地继续下去呢？我想结论是否定的，我们的教育方式中包含的问题可能比我们想象中要多。对此我们需要结合实际进行思考。

有位哲学家曾经问道：谁是数学最差的人？对于这个问题我们也来想一下。究竟数学最差的人是指学习不好的人，还是指不擅长运算的人？那个哲学家给出的答案是"对数学不感兴趣的人"。我们用心想想，这句话对韩国数学教育或许有很大启示意义。

目前，从韩国入学考试的发展趋势来看，越来越强调数学的重要性。但我们的数学教育是否会使孩子们成为那个哲学家口中数学最差的学生呢？我们已经知道，韩国的数学教育非常倾向于让学生做大量的题，通过经验，固化思维，然后再用已经形成的僵硬的思维，去解决更多的习题。毫无疑问，这样算法化的思维与未来社会发展对于人才的要求不匹配。当然，不能否认，在数学中，解题是非常重要的技能。但我认为，通过解题，需要让学生学会的应该是解决问题的态度，而非解决固定问题的技能。而把这种数学态度转移到数学以外的地方，正是数学教育非常重要的方面之一。另外，解决问题最重要的应该是检查和反思。韩国的数学教育过多地集中在做题上，却没有给时间让学生们自己去思考和反思。

这样的培养方式，虽然让学生的数学成绩名列前茅，但对于数学的兴趣和自信心却排在最后。这个现象意味着什么？学生们为了入学考试咬紧牙关学习数学，但这背后却是让他们下定决心以后再也不会接触数学。

那些对数学失去兴趣的学生心里想着：不管以后是自学还是怎么样，反正眼下肯定是不会用心学数学了。

这种企图通过反复练习来提高数学水平的方式，不论对学生还是对家长来说，浪费的不仅是时间和精力，还有经济上的消耗。可想而知，这最终会对韩国的国际竞争力产生不利影响。得不偿失啊！那些从小学开始就把数学当作最重要的学科来学习的学生，那些为孩子的数学教育赔上时间成本和经济成本的家长，一旦他们得知自己的付出多半都是无意义的时候，谁来为这残酷的事实负责？

然而，导致这一切的原因可能是源于大多数人对数学的误解。也可能是因为，不管是老师还是学生，都对数学毫无感情，只是把它当作毫无生命的数字来对待。我可以大胆地预言，我们的社会必将为这种教育环境带来的后果付出惨重的代价。如果是这样，大家还学什么数学，还不如"刀枪入库，马放南山"！

第二章 ————————

寻求

　内心观念形态

的瞬间

数学

/

用美来解疑

数学的意义，不仅在于寻找想要了解的
自然现象，更是要再现内心观念之美。

美丽的数学——

世上没有任何东西完全是圆的

　　我们生活的世界里，没有完美的圆形之物。我们通常会认为硬币是圆的，但如果你仔细观察，就会发现它并不是一个完美的圆。

　　如果我们从未见过完美的圆，又怎能想象到它的样子呢？那么，完美圆的标准从何而来？也许标准存在于我们心中。因为绝对的东西其实在现实里是看不见的。

　　这种所谓的完美被柏拉图称为"理念"。他把理念说成是一个客观不变的事物本质，认作是纯粹理性的、非物质的、绝对永恒的存在。所以圆虽不完美，但我们姑且认为它是圆的。因为在我们的本能中有追求完美的本性，所以人类命运中注定要追求理念。

柏拉图把数和图形作为理念的一个例子。因为从数和图形的完美性质和形状来看，这并不属于现实世界，而是属于追求美的理念范畴。数学在本质上也属于理念世界，通过数学来追求美丽也是人类的本能。

数学与自然科学不同，后者从对现象的观察开始，而数学是从体现内心观念的美好开始。数学可以很快展现出隐藏在我们的心中或脑海中的精神结构，反映我们内在善美的面貌。我们通常忙于对现象做出反应，而且也忙于适应现实，而忽略了自己真正想要的东西是什么样子。如果你看看数学公式的结构，你就会发现我们真正向往的样子是什么。

人类无论做什么，都有追求美的倾向。追求美，本质上不需要金钱也不需要权力，只需要我们摆出敞开心扉的姿态。

学习追求本质、追求完美的数学，就是让我们的眼睛无限接近美丽、接近幸福的方法之一。我们之所以观看电影或电视剧，为善助威，难道不是因为我们内心在追求善美吗？但是与追求本质和美、追求完美的数学精神不同，在我们的社会中，把数学当作计算或推论的方法，或作为大学的一门普通课程的现象还很常见。像这样，如果只从学习层面上看待数学，那么必会很难找到数学本质中善的意义。因为只有我们了解到某种事物的本质时，我们才知道它本身的美。

事实上，如果感受到了某物真正的美，就明白了事物的本质，明白了本质就是明白了对象的真面目，懂得了真面目也就是学到了全部的知识。这里说的知识是一种高水平的知识，它可以提高认知。

因为数学真实，所以它美丽。因为它存在于我们的脑海中，所以我们可以看到它美丽的姿态。不是我们自己美丽，而是通过观看"美丽"来参与其中。

世界上没有比人类更能感受到美丽的物种了。人具有内在美，因此高贵，作为如此高贵的存在，人类在本质上是平等的。高贵的人不会因外在形象去歧视贬低他人，这就是数学的精神。

作为个体来讲，我也是具有内在美的高贵的存在，所以不用本质的而是用现象性的面貌来评价或判断自己也是有悖于数学精神的。

尽管参与美好生活并不像说的那么容易，然而即使如此，有时我们也会看到美丽无瑕的事物，并瞬间产生极大的喜悦。这样的瞬间越多，我们就越能感受到真切的幸福。

表达方式——
消失的香烟究竟有多重?

这是电影《烟熏》(*Smoke*)中的一句台词:"消失的香烟究竟多重呢?"

这个问题乍一看似乎有些荒唐,但又有着某种神秘的一面。实际上,要想得到这个问题的答案似乎并不容易。但是仔细观察后,问题或许会简单些。也就是说,先称好吸烟前的重量和抽烟后的重量,然后再计算。

即使是同样的事情,如果改变了表达方式,问题相应也会变得不同,思考的力量也会不同。表达在数学中非常重要,虽然在本质上是一样的内容,但表达方式不同，一方面可以更精彩地呈现，另一方面也可以帮助你更好地理解。

与其用"正三角形是每条边长度都相等的三角形"来形容，不如用"每条边长度都相等的三角形叫正三角形"来形容。更能发人深省，引人思考。换句话说，用"××是××"，不如"××叫××"句式表达更有效。

前者的"××是××"表述是断定的，属于一个封闭的句子，没有妥协的余地，而且有点强迫的方式。后者的"××叫××"的表达则相对开放："有一个每条边的长度都相等的三角形，我们应该怎么称呼呢？"这是一种导向性的、扩散性的表达方式，它会引发出另一个想法，即"还有一个四边形，它每条边长都相等！这叫作什么？"

不仅在数学上，在我们的生活中，根据表达方式的不同，情况可能也会有所不同。例如，对于"自由民主主义"保守和进步阵营之间的争论非常激烈，各阵营分别定义了"自由民主主义"的概念，单方面地向对方阵营强加自己的主张。如果使用断定的表达方式，很有可能会关上妥协的大门，犯偏执狭隘的错误。但是如果将表达方式改为"××有一个想法，该如何命名它呢？"通过这种讨论和妥协的过程，会让自由民主这个概念变得更加丰富。

那么我们如何才能创造出一个有扩散性的、开放式思维的句子？如果你把句子倒过来读，很多时候，可以将语意扩散开来，让你得到各种各样的答案，并且思考和领悟到更多事情。哲学家卡尔·波普尔（Karl Popper）建议从右向左阅读并提出问题，而不是以"××是××"这种类似定义的方式一样，从左向右阅读。现在，让我们把下面的句子倒过来读，然后提出问题。

正方形的四边长度相等。

·四边相等的四边形都是正方形吗？

·为了让四条边的长度相等，四个角的度数都必须相等吗？

· 三条边长度相等的三角形只有正三角形，为什么四边长度相等的正方形除了正方形还有其他图形呢？

利用这种从右到左的反读方式，即使是平时会忽略的句子，读起来其意义也会不同。你会在不知不觉中使得自己的思考得到加深和扩展。

术语——
能否定义爱情？

当听到"苹果"这个词时，你会想到什么？有的人会想到红色，有的人会想到酸酸的味道，有的人会想到圆形。"苹果"这个词中所蕴含的意义能否被全部表达出来？也许光靠语言是不可能的。

准确把握一个词的全部含义，在人类已知领域，应该是不可能的事。即使如此，如果听到"我买了苹果"这句话时，我们也能理解它的意思。因为此时的"苹果"并没有表达它所具有的全部概念（属性）。

孩子第一次是如何熟悉"苹果"这个词的？他是通过图像或者声音而并非文字含义认识的，当然也不排除亲自去品尝。所以说，在形成一个词的概念的时候，并不是一蹴而就，而是有一个漫长的、根据经验不断完善和扩充的过程。

数学语言又是怎样的呢？不同于我们在生活中凭借经验而形成的单词概念的方式，传统数学语言首先定义了它的使用方式，而后再进行有关文字描述方面的定义。现代数学则更加方便，它几乎不注重对于文字术语的定义，而是把重点放在实际的应用上。它指定了应该如何使用，即指定固定的用途和样式。以确保所有从事数学的人都能够按照规定的用法使用，这就确保了单词概念的普遍性。这种用法叫作"公理（postulate）"。这种用法（公理）既反映了自然规律，也反映了人类精神。例如，根据直线的用法，既有连接两点的一条直线，也有无数条直线。

"哪一个是正确的，哪一个是真理？"这不是现代数学思考的问题。与注重对错相比，现代数学更侧重思考"这是不是一个不自相矛盾的体系"。所以说，现代数学并不是一个追求先验真理的体系，而是追求一个最优的无矛盾的体系，以确保在某个现象发生时，它能最有效地解释问题。

"地心说是真的，还是日心说是真的？"这也不是现代数学涉及的问题。现代数学注重的是，当给定天体的某种情况，如何更好地说明、解释这种现象。

对于两个不同的点，现代数学不专注于把争论放在两点上的直线存在一条是正确的，还是多条是正确的，而是专注于研究如何有效地解释给定的情况。因此，根据不同情况需要选择不同的方式。

就像现代哲学不把目标放在对错上，而是依据使用的方法来解释其概念一样。数学也有这种趋势。从整个社会的角度来看，过去最重要的是找出对错，树立正确的观念，而现在则是承认差异。当然，这种不同在数学中也适用。

不同和错误是有明显区别的。认为彼此"不同"是基于对对方的尊重，而认为"错误"的这种想法则是对某一方的否定。在数学上，只存在不同的判断角度而已，不能说任何一方存在着绝对的错误。总之，

"错误"产生判断，而"不同"产生尊重。

就像谈论爱情时，该如何去定义爱的概念呢？根据现代数学的想法，比起定义"爱是如此这般"，不如说是通过两个人的关系来决定。不同的爱情观也仅仅代表着"爱"的方式各有不同，但是，没有一个绝对的对错，所以，我们不主张按照自己的主张去定义一个绝对的"爱"，这就是现代数学的思想。

成熟的爱情是希望对方越来越好，而不是绝对意义上的爱屋及乌。承认彼此的差异并接受，这就是数学所指的爱。数学没有比较优势的概念，而是承认每个系统的原样。这也为我们带来了很大启示。

抽象——

看到本质的欲望

　　什么是抽象？毕加索从具体的某物开始，通过慢慢消除其现实痕迹的方式来认识抽象。他曾说："抹也抹不去的东西就是抽象。"毕加索所谓的抽象难道不就是本质吗？

　　毕加索通过他的代表作《格尔尼卡》描绘了因德国轰炸而成为废墟的一座西班牙北部城市——格尔尼卡，通过艺术创作将战争惨状抽象化。

　　抽象从看到本质的欲望开始。除去不必要的，用画的形式将最后显现的本质表现出来，就是抽象画。当除去多余部分，显露事物本质时，人们在面对它的那一刻会被感动。人类具有不断追求本质的属性，它会让人们获得感知美的能力和洞察力。

同样，数学的过程也是一种抽象。例如，当人们看到一座山时，会认为它的样子与三角形相似，这就是一种抽象，看到半月时会认为它与半圆相似，这也是一种抽象。

那么，对于抽象，也就是常说的本质，我们该如何洞见呢？正如毕加索所说，必须清除不必要的东西。因为无用的东西会产生偏见，从而让事物的本质云山雾罩。所以只有除掉那些无用的东西后，事物才能呈现出一种纯粹的形态。但什么是不必要的，如何去除它？这并不是一个容易的问题。

对此，现代数学给出的答案是：从关系中看本质。这也与后现代主义的哲学精神有关。现代数学以无定义的术语开始。因为一旦定义一个关于某物的术语，我们的认识就会被概念所束缚。例如，如果我们用 B 来描述术语 A，就会出现"B 是什么"的问题，如果用 C 来说明 B，就会再次出现"C 又是什么"的问题。

这样必然会产生一个关于定义的恶性循环。最终与本质渐行渐远。

那么无定义术语的含义是如何确定的呢？正如前面说的那样，它取决于术语间互相建立的关系，即通过规定用法的公理来决定。德国伟大的现代数学家之一大卫·希尔伯特（David Hilbert）利用以下五个无定义术语完美地解释了欧几里得的平面几何。

点 / 直线 / 间 / 平放着 / 全等 [①]

这些无定义的术语通过规定它用法的几个公理，即由术语之间的关系被赋予意义。比如"点、直线、平放着"这些术语是通过"对于两个不同的点，存在着唯一一条平放着的直线"（公理）来规定点和直线的意义。

而"对于两个不同的点，存在多条平放在这两点

---

① 《几何原本》原文中定义为："直线是它上面的点一样的平放着的线。"——译者注

上的直线"（公理）则规定了"点、直线、平放着"这些术语。此时的"点、直线、平放着"的概念可能与前面的情况不同。规定后者的几何被称为"非欧几里得几何"。另外，此处的公理并不代表着一定为真（true），它只是一种规定而已。这与古希腊数学家，以及欧几里得所追求的数学大相径庭，是另一个趋势。

现代数学的另一个特点是结构主义。20世纪以来，结构主义诞生，其前提是认识某些事物的意义是根据它们与其他事物的关系来规定的。这种结构主义不仅发生在以布尔巴基学派（20世纪以法国为中心活动的数学家团体）为代表的数学领域，在语言学、人类学、心理学、美术等领域也同时爆发。

布尔巴基学派认为数学中的根本母结构（mother structure）是操作（operation）、邻域（neighborhood）、次序（order）等。心理学家让·皮亚杰（Jean Piaget）也认为儿童思维的基本结构是操作、邻域、次序等。这就是说，数学的母结构存在于人类的大脑中。

为了寻找本质究竟是什么，人们已经提出了各种理论和主张。虽然彼此的意见不同,解决方式也不同,但有一点贯穿其中,那就是,这本身就是努力追求本质的过程。人类为了寻找本质中的纯美,从古至今,一直在不断努力,而且永无止境。

相等——

是否真的相等？

　　"相等" / "相同"究竟是什么意思？这一概念在数学中的意义举足轻重，它的界定决定了系统结构。

　　从古希腊时代开始，为了判定两个三角形相等，我们先"测量"出对应的边和对应的角，然后判别它们分别"相等"（在学校数学中，称它们是全等的）。而 19 世纪德国数学家菲利克斯·克莱因（Felix Klein）推翻了一直以来被视为理所当然的想法。克莱因认为"相等"在先，测量随之而来。依据克莱因的想法，如果规定了"若两个三角形相似，那么两个三角形相等"，那么，在这个几何条件下，所有的正三角形都相等，长度不再有意义，只有角度有意义，因此角度的研究会成为一个重要主题。

数学的目的之一在于规定相同，并对相同的东西进行分类。研究相同事物的共同性质，在数学中称为"不变量"。

但是界定相同，从另一个角度来说，就是界定差异。例如，当 A 性质是不变量时，如果两个图形中有一个图形具有 A 的性质，另一个图形不具有 A 的性质，则两个图形不同。

让我们再看下"两个图形在平面上相同"的情况。如果图形是用非常柔软的橡皮筋做成的，并且橡皮筋不会重叠或断开。那么，我们拉长或缩短制作的所有图形都是相同的。在这样的定义下，多边形、圆、椭圆等闭合的图形也都是一样的。

那么这个时候什么是不变的性质呢？举一个闭合图形的例子。图形内部有点，外面也有点的情况下，边界上的点就是不变量（具有不变的性质）。所以说直线与闭合图形不同，因为直线不存在内、外点的概念。

在这样的几何系统中，角和长度是没有意义的，而点的位置关系才是研究的对象。

所以即使处于同等空间内，"相同"的概念不一样，几何图形也不同，各个几何图形中的不变量也不同。自然，我们认为有意义的东西也就不同。

举一个高级数学的例子。如果改变了平面上原有的"相同"的概念，那么三角形的内角之和可以是欧几里得几何中的 180°，也可以是非欧几何中的小于180°。但在非欧几里得几何中，相似的三角形总是全等的。因为没有非全等的相似，只存在一个内角和为 150° 的正三角形，与一个内角和为 120° 的正三角形，当然，这两个正三角形并不相似。

让我们再简单地举个日常生活中的例子。手里拿一个红苹果。托盘里有绿苹果、梨、豆沙面包和玻璃杯。从托盘里挑一个和手里苹果一样的东西，你会选哪一个？选择绿色的苹果就是正确答案吗？如果你选择绿苹果，认为它和红苹果是一样的，那可能是错的。除非规定了"相同"定义，否则就不能说绿苹果等于红苹果。

如果把"相同"的概念定义为"属于同一种类、颜色相同的水果",则没有答案。如果把"相同"的概念界定为"同类水果"那么答案就是绿苹果,如果只是把"相同"的概念定义为"水果",那么答案是绿苹果和梨。另外,如果把"相同"的概念定义为"可食用的东西",那么答案就是除了玻璃杯之外的全部东西。

"相同"就是这样,内容取决于如何定义。如果在小学课堂上对学生进行分类,把"相同"的概念称为"大韩民国国民"的话,那么几乎所有的学生都属于同一范畴。但如果把"相同"的概念被定义为"同姓",那么学生们就会形成一个小规模的、多样化的群体。在回答"我们的社会是否平等?"时,也会因为如何界定"平等"概念,而使答案迥异。另外,"平等"概念不同,答案也存在明显差异。有些人把吃三餐认为是一个"平等"的概念,有些人把从事任何职业都被公平对待,视为"平等"。

生活在同一时代的人们对每个概念的定义如何认可和接受,都会导致社会面貌不同。拥有的概念越广泛、越深刻,社会将会变得越公平、越发展。

感觉和事实——

感觉可以信赖吗？

　　感情或感觉可以丰富我们的生活，也可以带来更多的快乐。但你知道，有时我们对某件事的感觉可能不是真实的，而是创造出来的吗？

　　举个典型的例子。当我们乘坐的火车静止时，旁边的火车动了，我们就会感觉自己坐的火车在动一样，但那感觉不是真的。另一列火车在移动，而我却觉得自己在移动，这是因为我们用相对标准而不是绝对标准来把握事物的现象所导致的结果。所以凭借感觉会让我们常常犯错，很难仅凭感觉来进行事实判断。

　　在数学中，感觉与事实不符的情况也很常见。在

美国 NBC 电视台的智力竞赛节目 *Let's Make a Deal*
中就能找到具体且典型的例子。

参赛者面前有三扇关闭着的门，其中一扇的后面
是一辆汽车，选中后面有车的那扇门就可以赢得该汽
车，而另外两扇门后面则各藏有一只山羊。当参赛者
选定了一扇门，但未去开启它的时候，主持人会开启
剩下两扇门中的一扇，露出其中一只山羊。主持人其
后会问参赛者要不要更换选择，选另一扇仍然关着
的门。

可能大多数人会认为，换不换选择，最后获得汽
车的概率是一样的。但这样的想法并不是基于确切的
事实，而是基于感觉判断。如果我们运用数学方法来
思考，会得到更准确的答案。

这里关键的一点是，在参赛者做出选择之后，主
持人会开启有山羊的门。那么在剩下的两扇门中，其
中一扇肯定有汽车。

在主持人没有开启门之前，改变自己的选择，可
以选到有汽车的那扇门的概率仍然是 1/3。但在主持

人告诉我们哪扇门后没有汽车的情况下，参赛者选中的概率会有所不同。门后只有两种事物，主持人已经给我们展示了一扇有山羊，那么剩下的两扇门中有一扇一定是汽车。

这个游戏的微妙之处就在于改变选择，概率就会逆转。如果参赛者最初选择了带有汽车的门，他改变选择后则会得到一只山羊，但如果最初选择了一只山羊，改变选择后，两扇门中会有一扇是汽车。

换言之，如果改变选择，那么最初出现山羊概率的 2/3 会转变成汽车的概率，汽车概率的 1/3 会转变为山羊的概率。也就是说，如果你改变了选择，获得汽车的概率从 1/3 增加为 2/3，所以当然要改变选择。这个问题就是以主持人名字命名的"蒙蒂·霍尔问题（Monty Hall dilemma）"。

就像选择山羊还是汽车一样，这种相反的情况在数学中被称为"补集（complement）"。补集是数学中一个非常深奥的问题，有时通过补集，我们会得到意想不到的结果。

我们凭借感觉或情感而导致最终犯错的事，生活中屡见不鲜。希腊人认为，要使得一个物体持续运动，就必须不断地用力。这种想法曾被认为是理所当然的，并且在很长一段时间里也没有人对此提出异议。直到有人打破这一长久以来的错觉，提出了接近事实的思想范式。这个人就是伽利略。伽利略认为并不需要持续的力来推动物体，由于惯性的存在，物体只在改变方向或静止时需要力。伽利略的惯性定律是一个伟大的发现，足以成为近代科学的基石。

在我们生活的社会中，准确地把握感受和事实对于培养我们的决策能力也是十分重要的。我们有时不以事实为基础，仅仅根据自己的情感或感觉来判断情况，从而误解对方。

一个平日里很和善的人，如果有一天变得很冷漠，人们就会觉得他在生气，并且在没有确定对方生气理由的情况下，会误以为是自己做错了什么，或者觉得对方不喜欢自己，从而感到伤心。

当然，这种感觉有时可能与事实相符，但也有很多情况并非如此。如果我们只凭借感觉来判断一切，就会不必要地消耗感情或产生误会，这反而会使关系变得不和谐。

所有和任意——

把全部的担忧都交给我吧！

《圣经》上有这样的表述："把你们所有的忧虑都交给主。"这里所说的"所有"意味着"全部，一个都不落"。那么，在现实中，人类是否真的可以将所有的担忧一个都不落地交托出去呢？答案自然是否定的。另外，我们还经常听到"法律面前人人平等"这句话。但在生活中法律面前真的人人平等吗？正如我们每个人所感知到的，法律面前并不是所有人都平等。同样的道理，"他是个各个方面都很完美的人"这种说法似乎也很难在现实中被人们接受。

现在，让我们把故事转回到数学上来。例如，"所有三角形的内角之和等于 180°""直线是它上面的点一样的平放着的线（《几何原本》）"等句子。我们可以在现实世界中找到具体例子，来证明这些吗？我们都知道这是不可能的，因为我们找不到。但你可以想象。毕竟，数学是通过特殊性寻求普遍性的一门学问。

在数学中经常会用到"所有"一词，但它早已超越了人类现有的认知。因为"所有"这个词中包含着无限。因此无论是多么美好的普遍概念，一旦使用"所有"来定义它的瞬间，就意味着它的意义几乎都不可能实现。那么我们该如何解决这个难题呢？答案就是把"所有"换成"任意"。

假设有这样一个陈述："对于所有的数，如果将其平方，减去该数的 2 倍，然后加上 1，结果总是大于或等于 0。"为了验证这个陈述的对错，我们必须先把所有的数字都进行代入验证，那么我们真的能够代入所有的数字去验证吗？显然不可能。但如果我们稍微改变一下这个陈述，情况就不一样了。即，把"所有的数"换成"任意数"。该陈述则变成：对于任意

数 x，x^2-2x+1 总是大于或等于 0，转换形式后表达式为（$x-1$）^{2}，这样我们就很容易知道结果总是大于或等于 0 了。这里代入的任意数成立，就意味着对于所有数都成立。这个简单而又惊人的想法足以让我们处理"无限"。

对于数学是什么这个问题，最好的答案是思考数学追求的概念是什么。数学的目标是找出事物的普遍规律。数学中的普遍性，就是对我们所有人最平等的东西。如果在个别情况下找到一个适用于所有情况的规律，那么它将是一个不变的性质。在个别情况下，研究变化中的不变，也是数学所追求的目标。

追求完美的数学并不等同于认知世界的全部。我们用大脑来理解自然界的现象。反之，如果一个自然现象不能被我们感知，难道就说这个现象不存在吗？这显然是不对的。就像一个只住在山上的孩子想象不到波涛汹涌的大海，但并不能否认大海的存在一样。我们所知道东西与广阔的大自然相比，万不及一。但是数学就像一艘船，能够载着我们驶向未知的"海洋"。

包括柏拉图在内的许多古代学者都说过，这个世界的影子是完美的，完美的世界是存在的。即存在理念。人类渴望它，并且希望通过数学来找到它。

　　我们追求完美的数学精神，是为了创造一个更完整更美丽的世界，培养一种更加完备的思考方式。所以，如果我们真正理解数学并学习数学，这个世界会更加美好。通过数学的思维去思考完美，思考无限，这难道不就是上帝给人类的祝福吗？

距离——

在一起，但要保持距离

通常说"距离"是指两点之间的直线距离，这是两点间的最短距离。但一定是直线才是最短的距离吗？让我们考虑以下情况。

假设有一个大湖，大到几乎看不到另一端。那如何测量湖边一侧树木到对岸树木之间的最短距离？两岸之间的直线距离是最短距离吗？有时直线可能不是最短距离。

再举一个极端的例子，假设太平洋是一个湖，然后考虑如何在以下情况下求出最短距离。从韩国釜山海云台的一棵树到美国旧金山海岸边的那棵树，能直接测量出最短距离的方法有哪些?

　　首先，为了测量两棵树之间的最短距离，潜入水下测量会比沿着湖面测量更准确。因为地球是圆的，因此沿着湖面测量严格来说并不是直线。其次，坐船测量，这个时候在湖面上行驶也许就可以测量到最短的距离了。最后，我们不通过水，你可以用什么方法呢？沿着湖周边测量即可。

　　我们应该取哪一个方式来作为两树之间的距离呢？这个答案取决于如何定义距离。距离在数学中是一个既重要又深奥的概念。经过多次反复实验，决定将满足以下三个条件定义为"距离"。

　　条件 1：任意两点之间的距离必须大于或等于 0，此时若两点之间的距离为 0，它们其实在空间里指同一个点。

　　条件 2：（对称性）考虑 A 和 B 两点距离时，从 A 到 B 的距离和 B 到 A 的距离，表示的是同一个意思。$d(x,y)=d(y,x)$

　　条件 3：当任意点 A、B、C，A 到 C 的距离必须

小于或等于 A 到 B 的距离加 B 到 C 的距离（想象下三角形 ABC）。

满足了这三个条件，就可以给出两点间不同种类的距离。

第一个例子就是学校中学过的，用尺子测量的距离。这个距离称为"绝对值"。点 a 到 b 的距离用数学符号表示就是 $|a-b|$。例如，$|2-5|$ 的意思就是 2 到 5 的距离，其绝对值是 3。另外，$|a|=|a-0|$，这里表示从 a 到 0 的距离。同理，$|-5|=|-5-0|$，表示 −5 到 0 的距离，5 就是绝对值。

第二个例子有点极端。我们把直线上任意两点之间的距离无条件定为 1。这样也就满足上述"条件 1、2、3"了。就像第一个例子一样，如果设定了距离，我们就无须借助尺子、工具等去"量"。运用抽象，依旧可以。另外通过抽象还可以想象到某个聚会上对象之间的距离，社会组织中两个群体间的距离，或是两个电磁波间的距离。

两个对象之间有距离，就意味着存在邻域的概念，这个邻域是以每个对象为中心，一定距离范围内的集合。邻域是数学中一个非常重要的概念。通常情况下，给出了距离，很容易得到邻域。

　　这里简单解释一下邻域的概念，假设韩国首尔和釜山这两个地点的距离是 x，以 $\frac{1}{3}x$ 为半径，分别以首尔和釜山为中心画两个圆圈，就会出现以首尔为中心的圆圈区域和以釜山为中心的圆圈区域。圆中的那个区域就可以说是首尔和釜山的邻域。另外，这两个邻域是没有共同部分的。

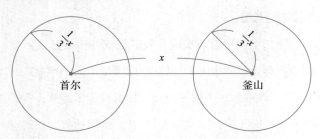

以首尔和釜山为中心所画的圆圈区域就是首尔和釜山各自拥有的邻域。

　　像这样，当两个对象之间的距离为 x 时，每个对象都存在邻域。数学中研究的重要问题之一便是当 a

性质在各个邻域都成立时，它是否在整体上也成立。由于邻域的存在，我们在考虑每个点邻域所具有的数学性质时，需要将这种性质代入整体来考虑是否成立，在数学上可以将其表达为"每个点的局部性质是否能成为整体性质"。

例如，自然数不同于实数，如果把自然数当作点来看，前面的点与后边的点相距甚远。但任何一点如果从 0 开始衡量，它都有一个有限的距离，但即使是再有限的大距离，它也不能把所有的自然数都锁进从 0 到这个距离内。也就是说，不可能把整个自然数都聚集在有限的距离内。

如果把它应用到社会中会怎么样呢？正如在数学中有某种性质时，在局部成立的东西放在整体中是否同样适用一样，在社会中，局部问题成立是不是整体上也成立，会表明这个社会走向何方的方向性。

当你提出这样一个问题：如果社会的每个成员都各自追求快乐，那么整个社会是否也在追求快乐？很可能会得到答案：不是。假如社会中的每个成员都有相同的价值观，那么整个社会的追求可能会是相同的。换句话说，在每个人邻域成立的性质是否在整体上也成立，是不能确定的。数学也是如此。

人们常说，相爱会拉近距离。那么这个距离也是数学上的距离吗？让我们再回想下前面给出的距离"条件2"。

条件2：（对称性）考虑A和B两点距离时，从A到B的距离和B到A的距离，表示的是同一个意思。

例如，A和B两个人互相暗恋对方时，A认为的与B的距离，和B认为的与A的距离是不一样的，这是典型的情况。所以说，人与人心灵的距离不是数学上的距离。在人与人的距离问题上，让我们试试距离的"条件1"。

条件1：任意两点之间的距离必须大于或等于0，此时若两点之间的距离为0，它们其实在空间里指同一个点。

两人之间真正意义上的亲密无间实际上是不可能的，距离（无论大小）是必然的存在。两个有各自想法和成长背景不同的人，即使再亲近，也不可能成为一个人。假设两个人真正做到了毫无距离，在这种关系中，两个人互相的影响和各自发展就无从谈起了。

　　两人间距离为0，很可能是一方单方面的向往，或者是在对方强迫下建立的关系。人们有一种痴迷的观念，即相爱就要彼此融为一体。因此，有的人为了使彼此更亲密些，就把自己的想法强加给对方。相反，有些人为了消除与对方的距离，他放弃了自己的主观意识，把一切都从属于对方。这种关系的发展反而会拉远两人之间的距离。

　　因此，对于两人关系这个问题，我们更希望用比较积极的态度去对待，即距离产生美。恰当的距离，会使得两人在相处过程中更能感受到对方的关怀，也能更好地保持彼此亲密的关系。承认彼此的不同，互相鼓励，互相学习，才会让彼此之间的交往更加自然和美妙。

数学也说，如果给了某个空间一段距离，那么这个空间的结构就丰富了。然而，并不是所有的空间都存在着距离，贫乏的结构、无距离的空间也存在着。就像爱情，如果两人的交往过程中真正做到了亲密无间，没有一点点距离，那么他们之间的相处反倒会索然无味。有一首诗很美地描述了这一点。卡里尔·纪伯伦的《在一起，但要保持距离》[①]。

你们的结合要保留空隙，
让天堂的风在你们中间舞动。

彼此相爱，但不要制造爱的枷锁，
在你们灵魂的两岸之间，让爱成为涌动的海洋。
倒满彼此的酒杯，但不要只从一个杯子啜饮。

给予彼此胸怀，

---

① 原书如此。此诗中文译名为《婚姻》，此处为节选。——编者注

但不要把彼此绑入胸怀。

站在一起，却不可太过接近，

君不见，寺庙的梁柱各自耸立，

橡树和松柏，也不在彼此的阴影中成长。

数学精神——

《解放黑人奴隶宣言》中的美好向往

1863 年 1 月 1 日，美国总统林肯正式实施了《解放黑人奴隶宣言》。以下是宣言的一部分内容：

目前对美国处于叛乱状态的州或部分州的奴隶，将从 1863 年 1 月 1 日起永远成为自由之身。美国政府，包括陆海军当局，都会承认并维护他们的自由，不会对他们努力获得的真正自由施加任何限制。

从数学角度来看，这篇宣言几乎是人类历史上最美丽的事件。《解放黑人奴隶宣言》的背景中融入了欧几里得《几何原本》的基本精神，并将其正当性置于《几何原本》的逻辑和数学形式中。当然，这些都与林肯的个人经历息息相关。

林肯学习数学非常努力，他经常默念欧几里得的《几何原本》，并且他在英国求学的时候，曾深受启蒙哲学和经验哲学的鼻祖——约翰·洛克（John Locke）的思想影响。值得一提的是，洛克也是从《几何原本》出发，提出了自己的主张。美国的《独立宣言》的逻辑根基也是《几何原本》。

欧几里得的《几何原本》学说，是指用演绎推理的方法展开逻辑，提出无可辩驳的公理。欧几里得是古代数学的集大成者，公元前300年左右，他以最起码的、只能接受的公理为基础，只靠演绎推理，严谨并合乎逻辑地证明了这些命题。然后他把这些过程写成13本书，题目命名为《几何原本》。此后，《几何原本》成为人类历史上伟大的书籍之一。

那么这里的演绎推理是什么呢？

如果命题A为真，从命题A可以推理出B，那么命题 B 也为真。

这句话的意思是，如果接受的公理是真，那么从公理演绎推理出来的也是真的。也就是说，欧几里得在《几何原本》中基于公理推导出的证明具有不可辩驳的逻辑严密性。

《几何原本》的公理构成是以五个常识性公理和五个与几何相关的公理为基础的，其中的五个常识性公理是：

1. 若 $a=b$，$b=c$，则 $a=c$。
2. 相同的东西加上相同的东西，结果是相等的。
3. 相同的东西减去相同的东西，结果是相同的。
4. 相一致的东西是相同的。
5. 整体大于部分。

对美国历史产生极大影响的约翰·洛克哲学、《独立宣言》、《解放黑人奴隶宣言》是如何立足于欧几里得的《几何原本》展开逻辑的？让我们一起看看它们的例子。首先是约翰·洛克立足于欧几里得《几何原本》的主张。

> 人的自然状态都是自由平等独立的，
> 这是一个不得不接受的公理般的事实。

约翰·洛克以此为基础，从逻辑上推理出政府的目标：保留自由权、平等权和独立性，这是无可辩驳的。

其次是托马斯·杰斐逊于1776年起草的美国《独立宣言》中的内容，这也遵循了《几何原本》的逻辑结构，并以此为基础，美国主张从英国独立出来，成为一个自由的国家。

> 人人生而平等，这是一个不得不接受的公理般的
> 事实。

此外，林肯还从逻辑上解释了奴隶制的矛盾性。

林肯立足于欧几里得《几何原本》进行思考，如果拥有奴隶的这种权利被肤色、智慧或金钱正当化，那么根据同样的推论，该奴隶也可以将奴隶主变成奴隶，这种逻辑也是正当且合理的。

如果把自由人 A 和奴隶 B 用数学方法表示为 $A \leqslant B$，那么就我们可以用同样的推论得出 $B \leqslant A$，最终 $A=B$。所以得出结论：无论是肤色、智慧还是金钱，这些人都是平等的。

综上可知，数学精神是将逻辑的严谨运用到生活中，以纠正矛盾。有时，这种逻辑严密的数学思维也会成为改变历史的原动力。

先天知识——
我们与生俱来

人类的认知能力到底有多么厉害呢？美国心理学家卡伦·温（Karen Wynn）通过实验发现，5 个月大的幼儿就已经可以理解 1+1=2，2–1=1 等简单的算术运算了。随后她将结果发表在了 1992 年的《自然》学术期刊上。那么，幼儿的这种算术概念是如何获得的呢？是凭借经验，还是与生俱来？

根据这项实验结果我们可以得出：算术能力不是通过经验或学习得来的，而是与生俱来。类似的说法我们也可以从柏拉图的《美诺篇》（*Meno*）一书中得到证实。

柏拉图以苏格拉底的故事为例，讲述了一个通过充满智慧的提问，引导了一名没有受过教育的奴隶少年回忆起几何学原理的故事，从而说明，奴隶少年天生就有理解几何学原理的能力。

柏拉图主张：人类对于几何学的认知是与生俱来的，而并非从感觉或者日常经验中获得。如今看来，我们不得不认为这是有些道理的。因为仅凭感觉（经验），我们似乎不能准确地感知直线或精确的圆等。在这种理论的延伸上，康德认为，时间和空间属于人类思维的先验预设。他认为我们的感觉赋予了欧几里得的空间形式（Euclidean spatial form），欧几里得定律对于空间的认知是我们人类生来就有的能力（先天性知识）。

简单地说，人类天生就能接受欧几里得几何学，并以此为依据来认识世界。正如蜘蛛生来就知道如何织网一样，我们天生就知道诸如几何原理这般存在的普遍、绝对的真理。

根据他们的想法，我们可以对数学总结如下：

第一，数学知识是先天的，在学习之前，就已经存在我们的头脑中了。第二，数学的本质是美丽的，并且我们天生就有感受数学之美的能力。但是顶级的数学家认为，依据我们的概念所建立的数学是美丽的，但程度远远达不到感悟数学之美。第三，数学也代表了隐藏在我们心中美好的精神结构。数学的意义不仅在于寻找自然界中隐藏的秘密，它还是一门还原我们内在美的学问，通过数学的结构我们也可以隐约勾勒出人生的意义。第四，数学以观念为基础，追求对象的完美和完整。生活在不稳定的世界里的人们总渴望展现完美的东西，正好美妙的数学可以帮助我们寻找内心那个完美的世界，在那个由上帝建造的完美的世界里，数学就是观察上帝的一扇窗，因为它包含着一些亘古不变的真理。

老师会被家长问道："孩子们应该为迎接未来做什么准备？"关于这个问题的答案，如果和追求美的数学精神联系起来思考，就会非常清楚了。就像数学中追求本质是最重要的一样，为未来做准备的根本就是抓住本质。努力在学习和生活中感受美好，这就是为未来做准备的基础。因为这会成为孩子们健康生活的原动力。与其让孩子把学习当作一种成功的手段，不如让他们去追求更有价值的东西，让孩子感受美，让他们的精神健康。一个精神健康的人有自己寻找道路的力量。如果担心子女的未来，请先教会他们读书、讲话、听音乐等这些基本的能力吧！

人类天生就具有追求美好和有价值的东西的欲望。与其把注意力集中在学习有多好上，不如去关注如何让孩子感受到价值，父母也可以更从容地教育孩子。这样引导他们去思考和感受的话，相信我，孩子一定会越来越棒。

如果学校教学也思考如何让学生感受到美，会有更多学生深刻理解到学习数学的意义，如果能从数学中感受到美的存在，那么我们就找到了学习数学的真正意义所在。

可以说，追求本质和美好的数学精神是指引我们未来前进的希望之光，它能让我们坦然地面对未知的恐惧。

数字支配的世界——
数字无法还原生命的价值

　　公元前几千年前，人们是用什么来计数的呢？在许多地区，我们发现了古人用石头计数的痕迹。这些被用来计数的石头，在拉丁语中被叫作"calculus"，这个词也是现代微积分学术语的词源。在需要计数时，人们会用小石头表示小数，用大石头来代表大数。但随着时间的推移，人们发现，想要表达不同的数，就需要用各种形状的石头，而寻找形态各异的石头并非易事。于是，人们开始用泥巴做成牌来作为计数的工具。由此可见，数字的进化伴随着人类的需要不断改变。

　　到了古希腊时代，数字的意义脱离了实用性，迎来了变革。人们开始赋予数字哲学意义，不再将重点放在数字的运用上，而是关注于数字本身所具有的结构和意义。由此，出现了毕达哥拉斯"万物之源是数"的结论。

毕达哥拉斯认为，可以通过数字的逻辑属性来把握某些现象中包含的深刻含义，还可以通过数字本身的结构体验到永恒不变的存在，从而使我们的灵魂指向更高的世界。

2500多年后的今天，人们对数又有怎样的想法呢？

现代人对数字非常敏感。人们认为无论是什么，都可以通过数字的逻辑属性来挖掘和判断其含义。人们用数字表示成绩、年薪、财产、增长率等，甚至把能力也和数字紧密联系在一起进行思考。人们通过数字来评价和被评价，通过数字实现控制和被控制。代表年薪的数字，表示财产的数字也被认定为评价个人能力的重要指标，并且这种意识还在不断增强。

现在，数字变成了权力的象征。在某种程度上，似乎数字在支配着人类的思想，它好像在灌输给我们"人生的目标是数字"的意识。

另外，数字也是社会成员间不同阶层的鲜明体现。与以前的独裁社会相比，由数字差异造成的阶层差异更为明显，现今数字社会中的竞争更为激烈。不再是"我们彼此有点不同"，而是"我们差别很大"。

同时，随着数字差异越来越明显，多样、丰富且珍贵的价值观正在逐渐瓦解。即使牺牲一切也要获取更大的数字。这种意识的存在，在数字之和固定的情况下，只能使得一些人取得的数字渐渐地更大，一些人取得的数字越来越小。所以，有时候许多重要指标都是分布不平衡的。

但人们普遍认为数字是客观公正的，这也减轻了这种不平衡的严重程度所带来的负面效果。而且，数字是抽象的，所以我们很难将其在现实中准确对应。比如某富豪的财产是 70 万亿，你能猜到那笔钱是多少吗？

相反，在没有数字概念的动物世界，动物互相竞争食物时，每个动物并不会无条件地占据很多。动物吃饱了就不再吃了。但人不同，人无论获得了多少，永远都不满足，这就是问题所在。

在一个为数字而斗争的社会里，人们希望万事万物都可以用数字的方式来表达。甚至连善良都要用数字来评价，然后把结果反映在高考中，却不知这反倒破坏了善良的价值。在我们的社会中，类似的现象比比皆是。如果把礼金的数目误导为庆祝结婚心意的标准，画作也用数字来衡量，那会让人产生一种错觉，仿佛凡·高的画和莫奈的画有优劣之分。对于那些以前很珍视却没有以数字形式出现而被渐渐忽略的东西，有时会留下念想。当你看到存折上的数字变大的时候，内心感到欣慰，但当你不受数字的限制也感到欣慰时，就会更加强烈地感受到生命的意义。

可以肯定的是，无论是人生的价值还是幸福，都与数字的大小不成比例。美、关怀、分享、爱、友情、安慰、感动、良知、勇气、秩序、幽默、治愈、对话、自由、激情、梦想、挑战、感恩、享受的心情，等等，这些尚未被数字支配价值的东西还有很多。

　　我相信人类历史在冲突中依旧会朝着智慧的方向前进。我们反复重申毕达哥拉斯所相信的数字的意义，并描绘着让数字重新回到原位的美丽景象。希望我们的生命在为数字而斗争时，身后留下的不仅仅只有数字和虚妄的生活。

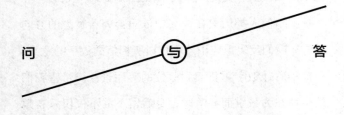

数学上非欧几里得几何
产生的背景是什么?

        欧几里得提出了五个几何公理和五个常识
公理。关于几何的五个公理用术语表达如下:

        公理1:任意两个点可以通过一条直线连接。

        公理2:任意线段能无限延长成一条直线。

        公理3:给定任意线段,可以以其一个端
点作为圆心,该线段作为半径作一个圆。

        公理4:所有直角都相等。

        公理5:若两条直线都与第三条直线相

交，并且在同一边的内角之和小于两个直角和，则这两条直线在这一边必定相交。

从历史上看，前四个公理很容易被数学家接受，但"公理5"内容表述冗长。作为一个应该是不言而喻的公设显然不够明晰。因而在千余年间，有很多数学家试图通过各种方法证明"公理5"，有人想用表达更简洁的公理代替它，有的人用其余的四个公理来推导出它，但结果无一成功。

第五个公理称为平行公理（平行公设），也可以表述为：

欧几里得的平行公理：通过一个不在直线 l 上的点 p，有且仅有一条不与直线 l 相交的直线 m。

如果平行公理可以从余下的公理中推导

出来，那么将平行公理替换为与它相矛盾的新公理，肯定会产生矛盾。让我们思考下下面的新公理：

双曲公理：

过直线 l 外一点 p 至少存在两条直线和已知直线 l 平行。

用双曲公理代替上述其余公理和平行公理得到的几何被叫作双曲几何。它属于非欧几里得几何。以下是对它的重要梳理：

如果欧几里得几何没有矛盾，那么双曲几何也没有矛盾。

根据上面的定理我们可以得出结论：欧几里得的平行公理不能从其余四个公理中得到证明，它是独立的。这就是高斯、波埃伊和罗巴切夫斯基的重大成就。由结果假设其余四个公理，则可知以下命题也与欧几里得的平行公理在逻辑上具有相同的意义。

· 三角形的内角之和是 180°。

· 矩形是存在的。

· 任意直角三角形中勾股定理均成立。

· 任意三角形都存在相似三角形。

· 三角形的面积为（底边 × 高度）÷2。

我们用"公理 5"代替其中一个命题，也可以用同样的意思来描述欧几里得的《几何原本》。我们在中学时学习的几何，其中大部分的重要内容都是由上述命题推导出来的。换句话说，中学几何的学习是与"公理 5"（欧几里得的平行公理）相关的数学结构。

与欧几里得的平行公理在逻辑上具有相同含义的命题——双曲几何，它所适用的世界不存在矩形，任何三角形的内角和都不能是 180°，而且也没有相似的概念。所以在那个世界里，没有缩小或扩大的概念。这也就意味着照片、电影、电视这类的东西是不可能存在的。另外，在那个世界里，一个角是50°的正三角形是唯一的。它也就意味着正三角形的一个角决定了边的长度。

这和我们的直觉相矛盾，但从逻辑上讲，这与很多几何并不矛盾。

通过这些，欧几里得几何关于空间的真理概念被打破，进而产生了数学本质是什么的问题。

即，几何学范式从最初的真与假体系演变成了矛盾和无矛盾的两个体系。由此，形式主义数学诞生了。实际上，在20世纪初，希尔伯特就通过无定义术语给出了一个完整的公理系统，使欧几里得几何学的所有理论都能在这个系统里完美运用。

那么欧几里得几何学真的是无矛盾的吗？哥德尔（Kurt Gödel）在1931年，通过论文发表了不完全性定理（又称"不完备定理"），表明：即使是无矛盾性的证明也是不可能实现的。数学世界就是如此艰难和深奥。

第三章 ＿＿＿＿＿

当思考的
　目光变高
的瞬间

世界
／
用数学来解疑

在这个宇宙中，人类是如此渺小以至于连痕迹都无法找到，人类努力去理解上帝的思想，理解上帝的语言——数学，人究竟是怎样的存在啊！

芝诺悖论——

范式冲突

古希腊哲学家巴门尼德曾说：

运动是虚幻的。

他的学生芝诺也支持这一观点，并将其陈述为后来的芝诺悖论（Zeno's paradox）。芝诺留下的诸多悖论中，最具代表性的就是阿喀琉斯和乌龟赛跑的故事。

乌龟先阿喀琉斯 100 米出发，假设阿喀琉斯的速度是乌龟速度的 10 倍。当阿喀琉斯到达 100 米时，乌龟走了 10 米，乌龟领先了 10 米。接下来，当阿喀琉斯到达 10 米时，乌龟走了 1 米，乌龟领先 1 米。之后，当阿喀琉斯到达 1 米时，乌龟走了 0.1 米，也就是领先阿喀琉斯 0.1 米。这个过程无休止地重复，所以乌龟总是领先于阿喀琉斯的，他永远不可能追上乌龟。

如果利用高中数学学习的等比级数来解决这个问题，就会得出和芝诺悖论不同的结果。运用等比级数计算乌龟的距离你会得出结论：大约在 112 米，阿喀琉斯就可以超越乌龟。

$$100+10+1+\frac{1}{10}+\frac{1}{100}+\cdots=\frac{100}{1-\frac{1}{10}}=\frac{1000}{9}=111.11\ (\text{m})$$

但根据芝诺的陈述，当阿喀琉斯移动到乌龟所在的位置时，乌龟也未停下来，移动了 $\frac{1}{10}$，所以很难让我们消除乌龟比阿喀琉斯稍稍领先的这种错觉。

其实问题的关键在于对"到达时"这个词的理解。我们通常意义上的"到达时"是指很短的时间，包括那一瞬间的之前和之后，是一个区间概念。在高等数学中，对于"到达时"这个词的定义，采用了两种不相容的方法进行了分析。即，标准分析学与非标准分析学。遵循的范式不同，思维结构也就不同。也就是说，问题的结果取决于你用什么范式来分析"到达时"。

两个范式的其中之一属于标准分析学体系，就像我们在学校中学到的将 0.999… 认为是 1 一样，而另一个范式则是基于超实数的非标准分析学体系，它包含了"无穷小"的概念。在这个体系中，0.999… 并不等同于 1。1−0.999…=0，这里的"0"，也比我们通常认为的"0"要大。

分析芝诺悖论，就如同分析天文现象时使用"地心说"还是"日心说"一样。根据范式理论，无论你选择何种范式，都有其解释问题的复杂之处，但不能说两者中谁对谁错。因此，从范式理论的角度来看，这是一道根据实际情况，选择哪一个更有用、更具说服力的选择题。

但如果我们在同一个问题中混合使用两种范式，

就有可能产生矛盾。比如，用一个特定的范式做假设，然后使用另一个范式来解释结论，就有可能自相矛盾。芝诺悖论就是一个例子。

因为芝诺悖论在假设和结论中使用了不同的范式，所以它让我们感到了矛盾。而解决问题的关键就在于能否准确地捕捉到"到达时"。就像假定了9：00到9：01的时间，我们能否把捕捉到的瞬间汇聚在一起，创造出1分钟的时间的道理一样。人们总习惯于将运动看作时间的连续函数，而芝诺的解释则采取了离散的时间系统。

学校数学是一个标准的分析学体系，在这个体系中，我们无法准确地捕捉到"到达时"。如果想要准确捕捉它，就必须选择一个非标准分析学体系，但这样的话，我们就需要面对"无穷小"这一概念，而在这个体系中，直线是基于超实数的概念而建立的，而不再是实数。这也就意味着我们又要面临新的问题。

让我们再回到芝诺悖论。从我们学的数学，也就是标准分析学系统来看，正在运动的阿喀琉斯无法准确捕捉到到达 100 米时的情况，因此，芝诺悖论开始假定的"到达 100 米时"就是存在矛盾的。因此，它不能称为一个悖论。

如果用包括瞬间前后的区间的范式（解释学）来解释，因为无法捕捉到一直移动的阿喀琉斯到达 100 米时的瞬间，所以当阿喀琉斯和乌龟之间的距离不断缩小，在他们之间的距离变得极小时，就可以说阿喀琉斯到达了乌龟所在的位置。

也就是说，当阿喀琉斯到达 100 米时，乌龟领先 10 米，当阿喀琉斯到达 10 米时，乌龟领先 1 米，当阿喀琉斯到达 1 米时，乌龟领先 0.1 米，如果照这个过程持续下去，乌龟的领先距离就会持续缩小。当领先的距离达到前面提及的极短的距离时，那就是阿喀琉斯"到达"乌龟所在位置的时候。从那以后，阿喀琉斯就会领先乌龟，这就解决了芝诺的悖论。

而如果选择能够准确捕捉"到达时"的非标准分析学体系，我们就必须选择非标准分析学的范式来看芝诺悖论。

那么，在这个系统中"到达时"是可以捕捉的，它允许有无穷小的存在。即，阿喀琉斯到达 100 米时，就意味着阿喀琉斯在区间［100-0，100+0］内。比赛继续进行，阿喀琉斯和乌龟之间的距离会越来越短，当距离缩小到无穷小时，就是阿喀琉斯到达乌龟的位置时候，悖论就得以解决。

如前所述，现代数学知识不是绝对的辨真辨假的学问，而是依赖于范式中的假设和脉络的一种相对的学问。它不是决定 0.999… 是等同还是不等同于 1 的学问，而是基于某种假设，即在某种范式内 0.999… 是多少的学问。在那个把数学当成真假学问的时代，也曾因与 0.999… 相类似的问题引发了无数争论。

像这样根据使用什么样的假设，如何分析术语，每个领域都构成了不同的世界。例如，根据如何分析直线，分为牛顿经典物理学的世界观和爱因斯坦的相对论世界观。

我们的生活也与此无异。你怎么分析生活，你的世界观就会随着你的理解而改变，你的生活方式也会随之而改变。有时候你会发现自己在生活中遇到的问题，因为混合使用不同的范式，使自己陷入矛盾。但这种自相矛盾不一定是消极的。当发现自相矛盾的时候，大部分人都并非止步不前，他们为解决矛盾在不断思考、试错。历经错误渐渐用一种范式诠释人生。通过这样的过程，人类变得更加成熟和进步。不仅个人如此，社会也是这样，当一个范式发现矛盾时，社会会努力尝试采用其他的范式，当然这期间也会引发不少的矛盾。但可以肯定的是，社会和历史都是在矛盾中发展起来的。

外翻球面、突破常规

史蒂芬·斯梅尔（Stephen Smale）在 1966 年获得了有"数学诺贝尔奖"之称的菲尔兹奖。那么，他的成就到底是依赖于良好且完备的学习环境还是与生俱来的天赋呢？

斯梅尔住在密歇根州弗林特市一个小山村的农场里，他在附近的一所学校上了八年学。这所学校的教学环境非常恶劣，所有年龄段的学生都不得不在一个教室里学习。后来，斯梅尔进入密歇根大学学习，成绩一直很差。虽然之后勉强进入了研究生院，但由于成绩不好，最终面临退学危机。

有了危机意识的斯梅尔全身心地投入对数学的研究中，并且以惊人的方式证明了长期以来无人证明的数学难题——五维及以上的庞加莱猜想（Poincaré conjecture），最终获得了菲尔兹奖。此外，他还用数学方法证明了以下这些，震惊了数学界。其内容在这里没有用专业术语来表达，简单地说明如下：

不用切、撕裂或是折叠的方法，球面内壁也能够翻到外面而不折皱。但前提是承认多个点可以在一个点上相遇。

这个证明在理论上是完美的，但是在当时没有一位数学家可以在现实中真正再现它。后来，美国数学家阿诺德·夏皮罗（Arnold S. Shapiro）把可以再现斯梅尔证明的想法解释给了数学家伯纳德·莫林（Bernard Morin），莫林用连续的图画把这个复杂的过程可视化，再现了夏皮罗描述的复杂过程。

令人惊讶的是莫林是盲人。他 6 岁时因青光眼失明，但身体的残疾并没有阻碍他展开想象的翅膀。相反，这让他的想象更加地自由，不仅仅局限于那些肉眼可见的东西。或许也正是因为如此，他才能将夏皮罗的想法以一幅画的形式展现出来。莫林的遭遇让我突然想到毕加索的一句话——"想要画画，你须闭上双眼，然后高歌（draw，you must close your eyes and sing）"。

上述这两位数学家在教育方面也给我们留下了很多值得思考的地方。在20世纪90年代，斯梅尔曾来韩国演讲，一位数学家问他："您是如何在那样恶劣的教育环境下成为一名优秀的数学家的？"斯梅尔微笑着回答说："当我上小学的时候，去学校只做我自己决定要做的事，后来这种习惯对我的研究大有裨益。"事实上，他不仅在数学上开拓了许多新领域，在经济学和计算学理论中也留下了很多具有重要意义的研究。

在教育上，家长一直努力给孩子营造一个完美的学习环境，特别是我们韩国的父母对子女的学习更是关心备至。有时这种所谓的关心会让子女在还没准备的情况下，就提前进入学习的环境。父母会替他们解决好自己必须面对和经历的问题，让子女专心学习。但我们要知道，学习和研究有时也需要"野性"。被关在温室里的学生或许在学校的成绩很不错，但他们必然缺乏开拓未来的力量。

斯梅尔小学时在恶劣环境中独自决策和学习的经历，是他未来伟大发现的基础。另外，莫林的眼睛看不见，但他克服了困难，展开想象的翅膀完成了深奥的理论。他们两位的亲身经历对所有的父母都应该有所启迪：适当地放手，让孩子们自己去克服困难。要做到这点，父母需要付出足够的时间去等待，有足够的耐心去信任，让孩子们有时间去构建属于自己的世界。

空间对应的数——

能读懂神的内心吗？

2007 年 3 月 19 日，美国数学研究所公布了 248 维图形结构的突破性研究成果。研究小组由 18 名来自美国和欧洲的数学家组成，他们经过 4 年的共同研究，终于发现了在揭秘宇宙结构方面起决定作用的"李群 E8"。

他们的解决方法是求解 453，0 6 0×453，0 6 0 矩阵，最终结果的总容量竟达到了 60GB。如果我们在纸上输出整个结构图，它的面积可以覆盖整个曼哈顿。为了帮助大家理解这个复杂又无感的内容，我们先来聊聊"维度"。

如前所述，一维空间是指一根数轴，它上面的每一个点，都与每一个实数相对应。那么，在二维平面上是否也存在着对应的数呢？这里说的数是指由若干数学结构组成的可以做四则运算的数。

首先，我们用坐标（a,b）表示由 X 轴和 Y 轴组成的二维平面。但为了让（a,b）呈现出数，我们必须进行加减法。那么就会出现如下所示：

$$（a,b）+（c,d）=（a+c,b+d）$$
$$（a,b）-（c,d）=（a-c,b-d）$$

然后确定乘法、除法时，你会自然而然地想到下面的乘法式。

$$（a,b）\times（c,d）=（a \times c,b \times d）$$

但如果这样确定的话，b 和 c 为 0 时，就会出现（$a,0$）×（$0,d$）=（$0,0$）这类问题。即，原点不是（$0,0$），而是两个数相乘（$a,0$）×（$0,d$）得出的（$0,0$）。用这种方法不能做除法，这已经在数学上得到证明。但如果是实数的情况下，就不会有两个非零数相乘为 0，这样就可以自然而然地做除法了。

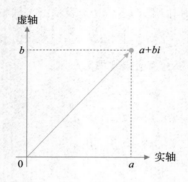

当数学家们遇到这些问题时，想出了解决问题的新点子，即，把（a,b）分解为（a,b）=（$a,0$）+（$0,b$）=a（$1,0$）+b（$0,1$），这里（$1,0$）标记为 1，（$0,1$）标记为 i，就能出现（a,b）=$a+bi$ 的形式，若规定 $i^2=-1$ 的话，乘除法的结构都可以得到。其中 i 是想象中的数也就是虚数（imaginary number）。由此对应于二维平面的数 $a+bi$ 就找到了。这就是复数（complex number）的发现。

$$(a,b) \times (c,d) = (a+bi) \times (c+di) = (ac-bd) + (ad+bc) i$$
$$= (ac-bd)(1,0) + (ad+bc)(0,1) = (ac-bd,bc+ad)$$

这里找到的乘法结构是 $(a,b) \times (c,d) = (ac-bd, bc+ad)$。以此类推，可以得到以下的除法结构：

$$(a,b) \div (c,d) = \left(\frac{ac+bd}{c^2+d^2} , \frac{bc-ad}{c^2+d^2} \right)$$

这样一维和二维对应的数全都找出来了。那么下一个问题当然是对于三维四维空间，是否存在对应数？这是一个困扰数学家们很长一段时间的问题。1843 年，爱尔兰的伟大数学家哈密尔顿称，对于三维空间是不存在对应数的，但令人惊讶的是，在四维空间中却被证明存在对应的数。据说他和夫人在布鲁穆桥上散步时也在思考这个问题。他突然有了想法，于是在桥的栏杆上，刻下了 $i^2=j^2=k^2=ijk=-1$ 的方程解。

把（1,0,0,0）=1，（0,1,0,0）=i，（0,0,1,0）=j，（0,0,0,1）=k 放在四维空间中，附上以上的条件，就可以在四维空间进行四则运算了。因而这个数被称为"四元数（quaternion）"，或以哈密尔顿的名字命名为"哈密尔顿数（Hamilton number）"。

而得到上述条件中 $ij=-ji$，$jk=-kj$，$ki=-ik$ 的性质，这意味着四元数不满足交换定律。即，在满足交换定律的情况下，对应于四维空间的数是不存在的。

那么五维、六维、七维……空间会有对应的数吗？进入 20 世纪以后用拓扑学的方法就可以证明 2^n 维空间的对应数问题。$2^0=1$ 维是实数，$2^1=2$ 维是复数，$2^2=4$ 维是四元数。

那么 $2^3=8$ 维是否有对应数？早在 1845 年，英国数学家阿瑟·凯莱（Arthur Cayley）就将四元数的思想进行了扩展，证明了在八维空间中存在对应数。这个对应数是"八元数（octonions）"或以他的名字命名为"凯莱数（Cayley number）"。但是它不满足结合律。换句话说，（$a×b×c$）和 $a×b×c$ 不总是一样的，只有放弃结合律才能在八维空间中找到对应的数。

那么十六维空间，三十二维空间……放弃某些定律，就能找到对应的数吗？1960 年，英国数学家亚当斯（John Adams）终于构建了自己的研究工具"亚当斯谱序列（Adams spectral sequence）"，他用 80 多页论文证明了只有一维、二维、四维、八维空间存在相对应的数。

但后来名叫迈克尔·阿蒂亚（Michael Atiyah）的英国数学家构建了拓扑空间的 K 理论，将亚当斯的证明减少到了 8 页。而后，阿蒂亚获得菲尔兹奖。数学家们期待亚当斯有一天也能获得菲尔兹奖，但他最终还是没能获奖。

两位数学家阿蒂亚和亚当斯同为剑桥大学出身。有很多关于他们的传闻，其中就有这样的故事。阿蒂亚和亚当斯上过同一堂课，负责授课的教授在给学生们的考试评分时，看到亚当斯的卷子，他感叹地说："剑桥大学终于来了个天才！"而后，他看到阿蒂亚的卷子，说："这个更好（Even better）！"

让我们再回到前面的话题。248 维的结构是基于哈密尔顿的四元数和凯莱的八元数。假如没有四元数和八元数，那么就不可能有这个惊人的结果，也不可能通过它来理解宇宙。

让我们将地球的大小与不断扩张的宇宙的规模进行比较。假设宇宙只有地球那么大，表面有一粒沙砾。现在地球的大小约为那粒沙子的 $(\frac{1}{10})^{30}$。即，如果把地球比作宇宙，那么原子的体积就与地球相当，让我们想象一下沙砾，再想象地球。我们不禁感叹，人类是何等渺小！

哈密尔顿偶然想出的四元数，并非基于经验，而是基于严密的思维。他把谁也想不出来的东西引申到自己理论上，为理解宇宙铺平了道路。可见上帝是数学家这句话并非虚无的赞美。宇宙的语言是数学，这也不是空穴来风。

神—宇宙—数学—人类的心灵—人类

在这个宇宙里，人类微乎其微，甚至都找不到踪迹。但他们依旧在努力理解上帝的内心，读懂上帝的语言——数学，人类究竟是什么样的存在啊！

庞加莱猜想——

独特的纯粹

2000 年 5 月 24 日，克雷数学研究所（Clay Mathematics Institute，CMI）宣布，将数学中七个未解难题选为"千禧年大奖难题"并设巨奖，给解决每题的人奖励一百万美元。即使如此，数学界预测，由于问题太过困难，短期内不会被解决。

但令人惊讶的是，两年后的 2002 年 11 月，其中一个问题——庞加莱猜想，被当时不为人知的数学家格里戈里·佩雷尔曼（Grigory Perelman）解决了。庞加莱猜想是迄今为止七个未解问题中唯一得到明确解答的问题。

佩雷尔曼蛰居家中，背靠学术界。克雷数学研究所曾试图任命他为千禧年问题获奖者，给他一百万美元作为奖励，但对金钱和名声不感兴趣的他不仅拒绝了这个奖，还拒绝接受菲尔兹奖。

韩国电视台也对他的别具一格充满好奇，试图采访他，但他没有答应。不仅韩国，世界上没有任何一家广播公司能成功采访到他。韩国的广播公司只报道过他生活在一间非常破旧的公寓里，依靠母亲退休金勉强度日的境况。

为了便于说明佩雷尔曼解出的庞加莱猜想，让我们先从宇宙说起。

我们对宇宙很感兴趣，很想了解宇宙的一切。但由于宇宙一直在不断膨胀，所以我们无法完全了解它。但是我们可以这样想象一下。

假设有人在宇宙末端放置了一个叫作无穷大的点。那么向外不断膨胀的宇宙空间将会在这个无穷大的点上相遇。这时宇宙就变成了一个封闭的空间，这在数学上叫作三维球面。为什么我们要把无穷大这个点的概念代入宇宙，把宇宙称为三维球面呢？

首先让我们从一维开始循序渐进地思考。想象一条朝着"+"和"−"方向无限延展的数轴，把它的两端看作无穷大的一个点。那么向正向＋和负向−延伸的直线会在无穷大相遇，它们的两端在这一个点上是相接的，如果你仔细观察这个封闭的图形，你就会发现它是一个圆。我们把圆称为一维球面。

现在让我们考虑一下二维平面。如果平面的各个方向不断延伸，最终末端在一点上相遇，就像是打包袱把所有的角都捆在一个点上。这个封闭的空间应该像个球。我们把球称为二维球面。

那么现在就解释了为什么在空间中进行同样的操作得到的闭合图形称为三维球面。就像一维球面被放置在二维平面上，二维球面被放置在三维空间中一样，三维球面被放置在四维空间中。

你可能很难想象到放置在四维空间里的样子，首先如果你仔细观察二维球面，理解三维球面就会有帮助。

二维球面的表面看起来像平面，里面有一个空隙——孔。由此类比，三维球面的表面看起来像空间，里面也有空隙——孔。如果我们把它反过来解释，就会变成这样一句话：从圆中减去一个点，从数学上看，这等于一条直线，如果你从球中减去一个点，就等于平面，从三维球面中减去一个点，就等于空间。

所以，无限的直线也可以在我们所谓的圆的认知范围内进行思考，在无限处发生的现象也可以从数学上刨除一点的邻域处所发生的现象中窥探出。同样，在不断膨胀的宇宙空间中，未知端点发生的现象，也等同于数学上三维球面刨除一点的邻域处发生的现象。所以对宇宙感兴趣的物理学家和数学家自然也对三维球面感兴趣。

关于三维球面最著名的问题是庞加莱猜想。为了说明它，首先我们需要简单理解下单连通（simply connected）这个概念。所谓单连通是指空间中每条封闭的曲线都可以连续地收缩成一个点。

例如，在一个二维球面上放置了一条类似环状的曲线，在表面上它可以逐渐收缩成一个点。但对于汽车轮胎，如果用类似环状的带子把轮胎缠绕起来，就不能将带子收缩成一个点。因为二维球面是单连通，而轮胎这样的图形不是单连通。如果不使用数学术语，粗略、简单地来解释庞加莱猜想，叙述如下：在一个封闭的三维空间，假如每条封闭的曲线都能收缩成一点，这个空间必定与数学上所说的三维球面相似。

与数学上所说的三维球面相似的意思指在连续变换时，依旧保持一一对应关系的球面性质。就像上文提到的，把宇宙想象成一个三维空间，加入无穷大后，它将成为一个三维球面。关于三维球面的属性和唯一性一直受到数学家的关注。

庞加莱猜想历经100年，没有任何人提出证明或反例，最终被佩雷尔曼解决了。虽然我不明白佩雷尔曼的深意，但是我能猜出他是一个很独特且纯粹的人。我们通过历史也不难发现，往往越是这样的人才越会取得伟大的成就。

对于佩雷尔曼来说，生活上的困苦和数学给予他的快乐相比，微不足道，他乐在其中，所谓的奖励，恰恰会破坏这份快乐，让它不再纯粹。对于这点，有关心理学的研究也给出了强有力的支持：在游戏中，如果给那些玩得很开心的孩子奖励，他们就会很快对游戏失去兴趣。

爬山是一件"苦差事"。但即使如此，人们还是喜欢爬山。如果每次爬山都得到奖励会怎样呢？人们可能会觉得爬山就像一件事或者是一项作业，最终连爬山本身的快乐都会消失。

为培养出诺贝尔奖获得者，韩国也曾经邀请诺贝尔获奖者举办过演讲会。众多获奖者共同提到的是，如果最初他们的研究目的是获奖，那么就不会有热情和毅力去长时间地努力。相反，如果他们自己想做什么就做什么，获奖的可能性就会更大些。

佩雷尔曼拒绝了奖项，他身体力行地表明了自己完全可以从金钱和名声中解脱出来。他的选择给沉溺于想得到外界回报的我们带来了巨大的冲击。然而讽刺的是，如今，他的名声却比其他许多数学家都大。

费马最后的定理——

忍受模糊

普林斯顿大学有一位数学家，他很长一段时间没有发表研究成果，连续几年都没有发表过论文，人们猜他不再做研究了。他经常和家人一起在附近的湖边散步，悠闲的样子似乎证明了人们的猜测，至少在表面上看是这样的。

但实际上他为了解决 10 岁时偶然遇到的问题，花了近 30 年的时间，比任何人都更专注于创造性的研究。这就是 350 多年来一直悬而未决的"费马最后的定理"（又名"费马大定理"）。现在让我们一起来谈谈这个费马最后的定理。

在小学数学中出现过将长、宽各为 1 的正方形瓷砖拼凑成一个大的正方形的问题。那么，有可能把一个大的正方形分解成两个较小的正方形吗？

答案是"有时可能"。例如，一个由 25 个长、宽为 1 的瓷砖组成的正方形，它的长、宽为 5。我们可以将其分为 16 个长、宽为 4 的正方形和 9 个长、宽为 3 的正方形。

我们把这个问题再提高一个维度，假设长、宽、高均为 1 的正方体木块，组成了一个大的正方体。和上面的正方形一样，我们能否把大的正方体分解为两个比它小的正方体呢？这个问题用表达式来表达如下所示：

x，y，z 为整数，并且满足 $x^2+y^2=z^2$。那么若使 $x^3+y^3=z^3$ 成立，x，y，z 的整数解有哪些呢？令人意外的是在 3 次方的情况下并没有整数解。那么当 n 为大于 3 的整数时，若想满足 $x^n+y^n=z^n$，x,y,z 是否存在整数解呢？

费马（Pierre de Fermat）在 1637 年提出，当 n 为大于 3 的整数时，没有整数 x，y，z 可以满足 $x^n+y^n=z^n$，但他并没有留下证明方法，费马只证明了 $n=4$ 的情况。由于没有人能证明 $n=3$ 的情况，所以后来它被称为"费马最后的定理"。直到 120 年后，瑞士数学家欧拉证明了 $n=3$ 时的费马猜想。

而后，费马大定理在 $n=5$ 时成立，被 19 世纪数学家狄利克雷（Peter Dirichlet）、勒让德（Adrien-Marie Legendre）、高斯等多位证明。此后，对于费马最后的定理中 n 的各种情况，也都得到了证明。1978 年，数学家们对 n 在 125000 以内的值证明了费马最后的定理。但通过各自方式，来完全证明费马的定理是不可能的。

然后，如同命运一样，随着数论和椭圆曲线理论的巧妙相遇，这两个被认为是各自领域的核心研究成果开始相互联系。安排这次"偶遇"的人是日本数学家谷山丰（Taniyama）和志村五郎（Shimura）。

最后，普林斯顿大学的数学家利用谷山丰和志村五郎的方法最终证明了费马最后的定理。他就是怀尔斯（Andrew Wiles）。怀尔斯的证明对数学家来说都非常困难，所以对一般人来说，即使粗略地说明他们也无法理解。他的证明简单地说如下：

如果费马定理是错误的，那它绝对不会有与椭圆曲线理论相关联的某种 A 特性，如果它们有所联系，就一定具有 A 性质。

这个证明，凭借高度独到的创意，把无数人的研究结果像线团一样联合起来。如果研究中任何一项结果是错误的，那么这个证明就没有任何意义。因而在数学中，论文的准确度就是生命，数学家们信赖被检验的数学结果。到怀尔斯证明费马最后的定理这期间足足花费了 350 多年的时间。他最后结果的公布日期是在 1993 年 6 月 23 日。

但两个多月后，怀尔斯就不得不承认自己证明有些错误。他的论文一发表，该领域的专家就认为他的证明有问题。在数学中，即使 99.999% 的证明是正确的，如果逻辑上不完美，那就意味着它没有任何意义，必须以 100% 的完成度证明。

怀尔斯不得不回到原点，重新开始，必须要证明最后的 0.001%。这个过程非常艰难且可怕，令人不寒而栗。更何况，他面对的是数学界 350 多年来，数学家们一直在努力解决的难题。他所承受的心理压力对我们来说是无法想象的。

但在那之后的一年，怀尔斯最终成功证明了费马最后的定理。他长期在黑暗中积累的天才想法终于结出了果实，看到了光明。正如心理学家罗伯特·斯腾伯格（Robert Sternberg）所说，他闯过了眼前的混沌。

未来所要求的创造力是忍受不确定的模糊。

韩国在针对高考的数学教育中，要求学生绝对不能出错，要在最短的时间内计算准确并立即给出答案，不允许有模糊的余地。韩国学生为了上顶尖大学，在进入高中后就尽可能快速地学完全部高中课程，然后在剩下的高中课时进行复习。学校会给学生们大量的题目让他们做，反复训练，意在最大限度地避免在实战中遇到危机。换句话说，数学教育完全是通过把失误最小化的战略来实现。

都说机遇是通过危机得来。但韩国的大多数教育机构都在研究如何避免危机。这样的教育方式，既不能培养发现问题的逻辑能力，也不能培养忍受不确定的能力，与未来社会所需背道而驰。值得庆幸的是，对于这种教育现状，现在人们开始了反思。

不动点——

经验接触不到的地方

在下列情况下，首尔和伦敦的温度会完全相同吗？

某天中午，首尔的温度是 5℃，伦敦的温度是 12℃，过了一阵到了下午 6 点，首尔的温度变成了 12℃，伦敦的温度变成了 5℃。

这个问题乍一看是非常困难和难以思考的问题。但是通过建立坐标轴（x,y），在 x 轴上标注时间，y 轴标记温度，来绘制图表，这个问题就没有想象中那么难了。

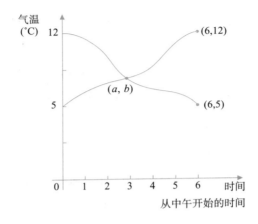

气温
(℃)

12 ●(6,12)

(a, b)

5 ●(6,5)

0 1 2 3 4 5 6 时间

从中午开始的时间

　　首尔的温度图从 y 轴（0,5）开始到（6,12）是一
条曲线，伦敦的温度图从 y 轴（0,12）到（6,5）呈曲线。
这两条曲线必然会相遇，其相遇点为（a,b）。在 a 这
一时刻，两个城市的温度相同均为 b℃。

　　不动点理论（fixed point theory）就是研究这些
特殊点的。这项研究由荷兰数学家布劳威尔（Luitzen
Brouwer）发起，不仅在数学领域，而且在经济、工
科等领域都有着非常广泛的应用。诺贝尔经济学奖获
得者约翰·纳什（John Nash）利用不动点理论证明了

纳什均衡（Nash equilibrium），从而开启了具有里程碑意义的博弈论篇章。

简单解释下布劳威尔证明的不动点定理（Brouwer fixed-point theorem），从区间 [0,1] 到相同区间 [0,1] 的连续函数中，都存在 [0,1] 上的某一点 a，使得 $f(a)=a$。这时 a 称为不动点。

上面表示的是一维的布劳威尔不动点定理。二维的情况下，长宽各为 1 的正方形 [0,1] × [0,1]，到其自身 [0,1] × [0,1] 的连续函数中，也存在 [0,1] × [0,1] 上的某个点 a 使得 $f(a)=a$。

三维也是如此。长宽高均为 1 的立方体 [0,1] × [0,1] × [0,1]，到其自身 [0,1] × [0,1] × [0,1] 的连续函数中，也存在不动点。以此类推，在任意的 n 维度，布劳威尔的不动点理论均得到了证明。利用该定理还可以证明毛球定理（hairy ball theorem）。让我们用网球来简单解释下。

对于像网球这样布满绒毛的球，你不可能把绒毛都梳理平（与球面相切）而不留一绺与球表面垂直的绒毛。假如将人的头想象成一个完整的球，你在梳理头发的时候会发生什么呢？至少有一根头发会朝上，而不是贴在头皮上。

毛球定理也可以应用于解释说明自然现象中的风。当整个地球都有风连续侧向移动时，至少在地球上的某一点，一定会有像旋风一样往上冒的，而不是侧向的。

另外，还有很多与布劳威尔不动点定理相似的定理，其中有一个叫作博苏克 - 乌拉姆定理（Borsuk-Ulam theorem），它理论中也蕴含着不动点定理的意义（从博苏克 - 乌拉姆定理可以推出布劳威尔不动点定理）。关于这个定理在一维的情况下可以简单概括为："如果给圆上每个点都赋上固定的值，那么每个点的 180° 反方向上必然存在对跖点，且这两个点给定的值相等。"

让我们把一维的博苏克 - 乌拉姆定理应用到全球温度上一起看。如果我们在地球上画一个任意的圆，测量出圆上每个点的温度，就一定存在该点的对跖点，且这两个点的温度完全相同。但这个证明并不意味着在实际中真的能找到它在哪里。

如果不是温度，而是湿度呢？依旧适用。湿度的情况也必然存在一对对跖点，这两个点的湿度完全相同。但温度和湿度的对跖点是不一样的。

根据二维的博苏克 - 乌拉姆定理，如果两个连续变化的变量，就像温度和湿度，在任何时候，都能找到两个与球心相对称的点，互为对跖点，并且可以证明两个点的温度和湿度是一样的。即使这两个变量是温度和气压，亦是如此。只不过温度和湿度的对跖点，以及温度和气压的对跖点并不相同。

假设有一个三明治，两片面包之间放了几片火腿和奶酪。根据博苏克 - 乌拉姆定理，此时用刀一下子把三明治切开，也可以证明面包的量、火腿、奶酪做得完全一样。数学中这被叫作火腿三明治定理（ham sandwich theorem）。

如上所述，在数学中一些理论是可行的，但无法在现实中找到确切的东西，只能通过数学思维证明。

从这个角度来说，数学理论与其他领域相比更具独特性。

从理论上讲，数学理论（定理）不是在某些少数情况下成立就可以，而是要在任何情况下，都具有该理论始终成立的特性。所以通过思考产生的结果，即使做了多少次实验，也绝不会得出相同的结果。我们怎么能切出无限个三明治呢？

另外，布劳威尔还创立了与数学基础相关的哲学思潮中的直觉主义（intuitionism）。这种直觉主义有些偏激，只接受有限阶段的构造证明，不接受非构造证明。但讽刺的是，他对不动点定理的证明揭示了不动点的存在性，但没有求它的过程，这是一个非构造证明，人类就是这样，有时是矛盾的。

拓扑学的诞生——

去除不必要的东西，留下本质

　　哥尼斯堡 [①] 有河流经过，有七座桥梁连接两岛。人们提出疑问："能否不重复地一次性走完这七座桥？"

　　欧拉听到这个传闻后，提出了自己的想法。他认为之前几何中所重视的测定河流宽度、岛屿大小等观点，完全没必要考虑，只需要根据桥梁和岛屿之间的相对位置关系，就可以解决这个问题。

---

　　① 　此地现名加里宁格勒，为俄罗斯西部港市，加里宁格勒州首府。1946 年前称"哥尼斯堡"，1255 年建为要塞，原属德意志帝国东普鲁士，1945 年根据《波茨坦协定》将哥尼斯堡连同东普鲁士部分地区划给苏联，次年改今名。——编者注

于是果断剔除了不必要的部分，画出了如下所示：

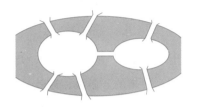

图 1

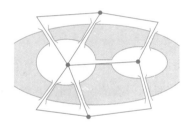

图 2

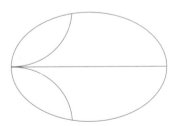

图 3

用点表示每个岛，用线表示桥。欧拉的革命性和创造性的思维拉开了抽象几何——拓扑学诞生的伟大序幕。

欧拉发现，中间每经过一点，总有画到那一点的一条线和从那一点画出来的一条线，这就是说，除起点和终点外，经过中间各个点的线必须是偶数。但如果看图2，你会发现连接到点的所有线的个数都是奇数，因此，不存在只经过每座桥一次就能跨越所有桥的方法。

欧拉将这些问题推广开来，揭示在了一个图表中，清楚阐释了每条线只画一次的所有情况。就是现今的"欧拉的一笔画定理"。

拓扑学在英语中被称作"Topology"，是希腊语，词源上意为位置或空间的"topos"和意为理性的"logos"的合成词。拓扑学中涉及相对位置的几何特性、连接性、连续性等知识是数学领域的基础，其应用范围广，在数学以外的许多领域得到了普遍应用，特别是对理论物理学研究至关重要。

拓扑学所追求的精神在艺术中也能找到。画家蒙德里安活跃的 20 世纪，是艺术史上最有创造力的时期。蒙德里安摒弃了原原本本描绘事物的方式，脱离了自然的外在形式，试图找到事物内在结构的普遍本质。为此，他认为应果断地去除不必要的部分，只单纯地考虑事物内部结构的本质。

他通过一系列的工作，最终把事物形态简化成水平与垂直线的纯粹抽象构成。并在此基础上，追求事物内在的普遍美。他用这种革命性的、创造性的方式，在抽象美术史上产生了绝对的影响，留下了浓墨重彩的一笔。这种方式本质上与拓扑学的抽象方式基本相同。从这个角度来看，蒙德里安广义上既是一名画家，同时又是拓扑学家。

非欧几里得几何——

集体信念这道屏障

小学低年级的学生们上课不专心，惹得老师很生气。于是这位老师给孩子们出了道难题，让他们从 1 加到 100。这时，一位学生站出来，连算都没算就写出了 5050 这个结果。老师顿时大吃一惊，问他是如何求出答案的。

这名学生写下 1，2，3，…，100，然后把它们倒过来排列 100，99，98，…，1，再把两者相加（1+100）+（2+99）+（3+98）+…+（100+1），即 101×100=10100，然后除以 2，最终得到了结果 5050。这就是发生在高斯身上的真实故事，那时他仅仅 9 岁。

高斯的母亲从事女佣工作，他的父亲也辗转于各处，做过各种各样的工作。高斯家里一直很穷，所以父亲希望他做一些能对生活有帮助的事，而非学习。但老师对高斯的天资赞不绝口，说服并积极帮助他的父母，以便让他继续学习。在老师的帮助下，高斯有机会读到了很多好书，其中一本便是欧几里得的《几何原本》。

欧几里得在《几何原本》中写道：在以下 5 个公理的基础上，465 个命题得到了证明。

公理 1：任意两个点可以通过一条直线连接。

公理 2：任意线段能无限延长成一条直线。

公理 3：给定任意线段，可以以其一个端点作为圆心，该线段作为半径作一个圆。

公理 4：所有直角都相等。

公理 5：若两条直线都与第三条直线相交，并且在同一边的内角之和小于两个直角和，则这两条直线在这一边必定相交。

第五个公理称为平行公理（平行公设）也可表述为：

通过一个不在直线 l 上的点 p，有且仅有一条不与直线 l 相交的直线 m。

自《几何原本》写成以来的 2000 年间，数学家们一直试图用前 4 个公理来证明公理 5（平行公理），但均以失败告终。高斯思考这个问题的角度与以往数学家不同。"不沿用原本中这 4 个公理，而用其他公理替换平行公理会出现矛盾吗？"他从这里切入问题。

不使用其他 4 个公理，而用其他公理代替来证明平行公理的话，那在数学逻辑上必须会出现矛盾。高斯产生这种想法时才 12 岁。他后来又进行了反复研究，最终解决了这个问题，但在当时他并没有发表。但他的朋友一位数学家，F. 波尔约（Farkas Bolyai）称自己的儿子解决了这个问题，他想请高斯帮忙确认他的解释是否正确。

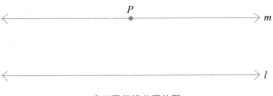

表示平行线公理的图

　　当表现出数学天赋的儿子对这个问题产生兴趣并进行研究时，F. 波尔约说："关于平行线公理的证明问题会把你引向毁灭，所以千万不要为此浪费时间。"但是他的儿子并没有接受父亲的忠告，而是继续进行研究，最终得出了与高斯相同的结论。他就是仅次于高斯的天才数学家 J. 波尔约（János Bolyai）。

　　他和高斯想法一样，不沿用剩下的 4 个公理去证明，而替换成另一公理去证明平行公理，欧几里得几何这样无矛盾的新数学系统是成立的。由此，他开启了一个新的几何，非欧几里得几何诞生了。

　　他的证明内容是："欧几里得几何如果没有矛盾，那么用另一种公理，即双曲公理取代平行线公理的非欧几里得几何也没有矛盾。"双曲公理如下图所示，"过

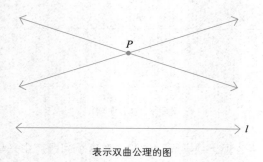

表示双曲公理的图

直线 l 外一点 p 至少存在两条直线和已知直线 l 平行"。

　　钦佩儿子成就的 F. 波尔约对高斯说，想把自己儿子证明的内容发过去，希望得到他的肯定。高斯写信说，他的儿子 J. 波尔约是个天才，他的研究也一定很了不起，并称他与自己已经做的研究完全一致。

　　收到这封信的 J. 波尔约一直认为这位伟大的数学家想攫取自己的成就，因此陷入了深深忧郁中，情绪低落，以至于后来就不再发表研究结果了。

　　但高斯真的想攫取 J. 波尔约的研究成果吗？为了了解这一点，我们有必要观察下当时的时代背景。

　　在高斯出生的 50 多年前，德国已经有一位伟大的天才诞生了，那就是康德。他把人类"知道的东西"分为两种。首先，他把知识分为先验知识和经验知识。与经验知识不同，先验知识是人类与生俱来的，不受经验的左右。

其次，他还使用了判断的概念，将知识分为分析性知识与综合性知识。分析性知识是以逻辑形式为真的陈述，比如，"珍岛狗（产于韩国全罗南道珍岛的犬）是狗"这类毫无价值的陈述。与分析性知识不同，综合性知识是更有意义的陈述，但不知道是否为真。表格表示如下。

先验知识	经验知识
分析性知识	综合性知识

当把这个表格的对角线连接起来，先不去思考经验和分析性知识。看一下另一条对角线上的先验和综合性知识，它们才是有重要意义的知识，我们如何获得它们才是关键。

康德也曾把欧几里得几何作为其中的一个重要例

子。在康德看来，人靠内在的洞察力赋予精神结构中欧几里得几何的空间形式，因此他主张，欧几里得几何的法则不是经验，而是先验且有意义的综合性知识。

高斯生活的时期正是康德哲学对整个欧洲都有着强大影响力的时候。如果欧几里得几何是真的先验知识，那么关于平行相关条件，持相反观点的非欧几里得几何与欧几里得几何不能共存，必定有矛盾。

但根据 J. 波尔约和高斯的证明，如果欧几里得几何无矛盾，那么用双曲公理代替的非欧几里得几何也没有矛盾。因此，非欧几里得几何有矛盾，欧几里得几何就必定有矛盾。

因此，公布上述事实意味着对康德观点的全盘否定，这预示着那个时代的主流——康德的接班人将会卷入一场巨大的争论中。高斯非常害怕被卷入这样的争论中，所以他没有发表研究结果。

但是我们如何确定高斯在 J. 波尔约证明之前，就已经得到了和他相同的结果呢？这一点可以从 J. 波尔约宣布之前，高斯写给他的朋友托里努斯（Franz

Taurinus)的信中看出。信中包含了关于非欧几里得几何的大部分核心内容。

但 J. 波尔约将自己的发现作为他父亲的书（*Tentamen*）的附录发表。所以第一个用论文发表非欧几里得几何的人，既不是高斯，也不是波尔约，而是俄罗斯数学家罗巴切夫斯基（Nikolas Lobachevsky）。但在他有生之年，非欧几里得几何并不被认可。罗巴切夫斯基用俄语发表论文以来，于 1840 年再次以德文发表，这篇论文也在高斯的遗物中被发现了。

在数学上这类革命性事件的结果，就如同哥白尼事件一样，直到三位伟大的天才都去世的 10 年后，他们的成果才最终被贝尔特拉米（Eugenio Beltrami）、克莱因、庞加莱以及另一位伟大的数学天才所认可。

一个超越时代的想法在被接受前，需要跨越很多障碍。其中最困难的就是统治那个时代的群体权威和信念。因为这个群体的权威和信念在当时是坚固且不易被打破的。为了打破这一局面，需要积累无数人的努力，随着岁月的流逝，这个群体逐渐退潮了，才会发现我们原本深信不疑的原来是错的，随之而来的，才是那种信念和权威的崩溃瓦解。

一个权威和信念的倒塌实际上是一瞬间的事情，但这之前无疑是需要漫长的努力。同样地，一件正确的事情，如果它要实行，也需要一段成熟的时间，最终才会取得胜利。

伽罗瓦理论——
超越时代的美好理想

　　一封寄给奥古斯特·舍瓦烈（Auguste Chevalier）的信。这是数学史上最有意义的一封信，也是因为这封信，打开了优雅而富有创意的数学的新大门。这封信是 1832 年 5 月 31 日夭折的天才数学家埃瓦里斯特·伽罗瓦（Évariste Galois）写的最后三封信中的一封。

　　在法国大革命后的混乱时期，激进的共和主义者伽罗瓦不知为何被两名共和党人邀请决斗。这两名共和党人很会用枪，与他们决斗无疑自取灭亡。虽然伽罗瓦也知道这种死亡没有意义，但他还是去了决斗场，最终结束了 21 岁的生命。我们就这样失去了一位天才数学家。从他纯粹的情感和平时的行为方式来看，也许逃避决斗对他来说是一种耻辱。

在他写给唯一朋友——奥古斯特·舍瓦烈的信中说，他把当时刚刚萌芽的"群（group）"的概念引入方程式理论，得到了惊人的结果。这便是后来被我们熟知的伽罗瓦理论（Galois theory）。伽罗瓦理论将数学中原本不同的领域联系起来，是数学史上意义深远的理论之一。

为了理解伽罗瓦理论，让我们先来看看在学校数学中学过的方程式。二次方程 $ax^2+bx+c=0$，$a \neq 0$，利用下面的求根公式，求 x 值，是我们通常使用的代数方法。

$$ax^2+bx+c=0$$
$$x=\frac{-b \pm \sqrt{b^2-4ac}}{2a}$$

到了 16 世纪，三次方程式和四次方程式也和二次方程式一样，都存在一个代数的求根公式，我们可以按照公式求解。

但问题是五次方程。关于五次方程式是否存在根式解，这个问题在很长一段时间都没有得出任何结论。最终，在 1824 年尼尔斯·亨利克·阿贝尔（Niels Henrik Abel）延续了鲁菲尼（Paolo Ruffini）的研究，证明了五次方程式没有一般形式的代数解。遗憾的是，阿贝尔也在 27 岁时去世了，和伽罗瓦一样，是个不幸的数学家。

在五次方程被证明不存在根式解之后，没过多久，伽罗瓦就提出了一个惊人的想法，关于五次以上的方程能否用根式法求解。为了找到答案，伽罗瓦将伽罗瓦群（Galois group）与群的可解性（solvability）概念联系起来，并加以证明。事实上，关于伽罗瓦的这个想法在那个时代是无法想象的，它是一个开创性的东西。即使是当时最伟大的数学家也无法理解。

那么，群究竟是什么呢？我们设 Z 是一个整数集合，a、b、c 为它的任意元素。如果对 Z 所定义的一种代数运算——加法运算（$a,b \in Z \to a+b \in Z$）满足以下性质：

1. 加法结合律：$(a+b)+c=a+(b+c)$
2. 加法单位元（通常被标为 0）：$a+0=0+a=a$
3. 加法逆元：对于 a，存在 $-a$，$a+(-a)=(-a)+a=0$

将这些性质抽象后构成的就是"群"的数学概念。即，群是满足结合律、有单位元、有逆元的二元运算的代数结构。

对群的研究是数学研究重要的领域之一。对群本身的研究很深奥，但有时也会将自然现象及事物的结构表达为群的代数结构，在代数结构中得到深奥的结果。如果有人问我现代数学最重要的概念是什么，我会毫不犹豫地回答：群的概念。因为群的概念几乎在数学的所有领域中都扮演着重要角色。

例如，设由 1，2，3 组成的集合为 $S=\{1，2，3\}$，集合 S 到自身上的全体映射组成集合 S_3，此时 $f,g \in S_3$，

若定义合成映射 $f \cdot g \in S_3$，$S=\{1，2，3\}$ 的合成运算群 S_3 则被称为集合 S 的对称群。

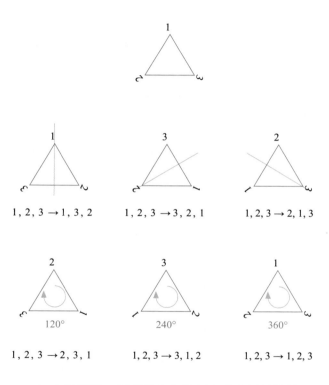

如上图所示，在正三角上的每个顶点标记编号 1，2，3，并以直线为轴，绕直线旋转，使它回到原来的

位置，编号 1，2，3 顺序发生了变化，这个对称群 S_3 便是具有六种一一映射为元素的群结构。

通常我们把 1，2，3，…，n 组成的集合 $S=\{1，2，3，…，n\}$ 的对称群标记为 S_n。我们之所以说伽罗瓦的研究伟大，是因为他成功地将方程有无代数求根公式的条件与对称群 S_n 结构联系起来。

在这里很难通俗地解释，若使用专业术语可简单把它阐述为：对于对称群 S_n，n 小于 5 和大于 5 时的可解性结构不同。伽罗瓦证明，当 n 小于 5 时，S_n 是可解的，也就是说从一次方程式，一直到四次方程式都可以用代数根的公式求解，但 n 大于 5 时，S_n 无解，也就意味着五次以上方程式不存在代数根公式。

对于伽罗瓦的证明，我比较惊讶，他怎么会有这么美妙、深刻，且有创意的想法呢？回顾伽罗瓦的一生，他绝对算不上是一个成功的人，想去的大学两次落榜，父亲蒙冤自杀，写的论文在那个时代不被认可。由于法国大革命，时代局势的动荡不安，身为共和党人的他锒铛入狱，最后死于决斗。也许他是个不幸的人。但即使如此，对他来说还有一位赏识并了解他的好朋友。伽罗瓦死后，奥古斯特·舍瓦烈倾注毕生精力，使伽罗瓦的成就熠熠生辉。

伽罗瓦具有同时代人无法理解的天才般的探索和发现，然而，走在时代的前沿，这却是一件无比孤独和艰难的事。伽利略如此，凡·高如此，丁若镛、卡夫卡，以及无数天才都是如此。但我相信在他们背后，一定会有认可和支持他们的人。也许你就是其中一员，不是吗？

理论——

理解和坚信的差异

　　假设你在学游泳，但此时无法亲身实践，只在理论上掌握了游泳的方法，那么在没有实际操练的情况下也能游泳吗？有人给出的答案是肯定的。

　　20世纪初伟大的数学家和物理学家西奥多·卡鲁扎（Theodor Kaluza）通过一本书，学习了理论上游泳的方法，在没有实际练习的情况下，直接跳进了水里。水是浅溪、河流还是湖泊尚不得知，但我认为他对理论的坚信必定没有丝毫的怀疑，甚至达到了可以付出生命的境界。

　　理解理论和相信理论似乎是一样的，然而实际上它们是有区别的。如果看一下宗教的情况，你马上就会发现理解和信仰之间的区别。只了解某一宗教的人和信奉该宗教的人的行为方式显然是不同的。

你去过罗马的坎皮多利奥广场吗？那是一个让我感受到米开朗琪罗对数学理论有多深信不疑的地方。它让人们深刻认识到只有相信才能行动的事实。

1539 年，米开朗琪罗受教皇保罗三世委托对坎皮多利奥广场进行重建。他坚信，运用等边梯形特性，一定会使建筑实现和谐与平衡的完美统一。于是他抱着这种心态开始了重建工作，最终完成了今天我们看到的坎皮多利奥广场。事实上，最初的坎皮多利奥广场与现在的景象完全不同，地面既不平坦，三座宫殿的布局也不协调，而且也没有通往城市方向的道路。

为了理解米开朗琪罗的惊人想法，让我们先想象一下下面的情形。通常，当你盯着两条平行的铁路看时，会觉得它们似乎在远处相交了。那么如何做到从远处看，它们依旧继续保持平坦呢？只要越远，使两条路间的宽度越宽就可以了。把它设计成上底比下底长的等边梯形。这种形状可以让人觉得远的地方也能近在咫尺。

从坎皮多利奥广场的图纸中可以看出，位于前面的宫殿（塞纳托里奥官，Senatorio）和右边的宫殿（康塞瓦托利官，Conservatori）并非成直角，而是稍微向内倾斜，实际角度为80°左右。在这种情况下，米开朗琪罗在左边新建了一座和右边建筑一模一样的宫殿（努沃官，Nuovo），并使其与上面的建筑形成的角度与右侧建筑形成的角度完全一致，设计成等边梯形。同时，他把进入的楼梯也设计成等边梯形。他通过连续利用梯形进行建造，呈现出令人难以置信的美丽和惊人的平衡感。

从马路爬上楼梯，就可以看到广场上的建筑的全貌，这些由梯形组成的美轮美奂的建筑物，让人体验到了前所未有的奇妙、和谐和平衡感。此外，向十二个方向延伸的椭圆形建筑物也与广场上的等边梯形相协调。

坎皮多利奥广场处处隐藏着数学的性质。如果你有机会参观，在闲庭漫步于优美建筑之间的时候，不妨回想一下等边梯形的样子。大师的天才创意和细腻手法将原汁原味地呈现在你的面前。

米开朗琪罗不仅了解等边梯形的性质，而且坚信并付诸行动。站在坎皮多利奥广场上我明白了，只有相信才能行动，才会发展。学习数学不仅要理解数学，还需要在面对那些理论时，要像面对一位久违的老友一样，与它们聊天，并对其投入自己的情感，只有这样，才有可能成为一位合格的数学家。只有当我们把这种信念付诸行动的时候，才能感受到数学带给我们的那种和谐与美好。这有点类似于药物和病人之间的关系，如果我们了解了药物的性能，并且对疗效深信不疑，我想最后的效果肯定比对疗效完全不信要好得多。

希望诸位在学习或研究某一专业领域时，会发现理解某理论和相信某理论的结果一定是不同的。我希望你不仅能理解，而且能相信并实践，这样你就一定能实现期望之事。

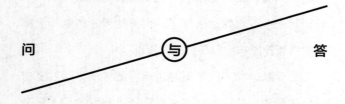

在第三章"空间对应的数"一节中我们提到，一维、二维、四维空间各有对应数，而三维空间却没有对应数。这是如何得出的呢？

一维空间数轴对应的是实数，二维空间平面坐标（a,b）对应的是以 $a+bi$（a,b 为实数，$i^2=-1$）形式出现的复数，四维空间对应的是以 $a+bi+cj+dk$（a，b，c，d 为实数，$i^2=j^2=ij=-1$）形式的四元数。但是三维空间不存在对应数。

这个问题可以利用数学证明来解释。当然，这对于那些接触数学时间不长的人来说可能有些难，但如果大家能跟上论点，我相信会很容易理解。

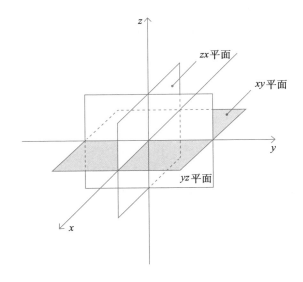

假设三维空间有对应数。那么，由于该数对应于三个平面（xy 平面、yz 平面、xz 平面），所以根据数的扩充原理，对应于三维空

间坐标（a,b,c）的这个数可以表示为 $a+bi+cj$ 的形式，其中 a，b，c 是实数且必须满足 $i^2=j^2=-1$ 这个条件。这里，j 和 i 相乘的乘积 ji 也应该在三维空间中，所以 $ji=a_1+a_2i+a_3j$（a_1，a_2，a_3 为实数）。

如果把两边同时乘以 i，我们可以把它写成 $jii=a_1i+a_2ii+a_3ji$，（$i^2=-1$），右边的 ji 我们可以把它写成和 $a_1+a_2i+a_3j$ 一样的形式，如下：

$$-j=a_1i-a_2+a_3（a_1+a_2i+a_3j）$$
$$-j=a_3a_1-a_2+（a_1+a_2a_3）i+a_3{}^2j$$

上式用坐标表示的话，为（$0,0,-1$）＝（$a_3a_1-a_2$，$a_1+a_2a_3$，$a_3{}^2$）。这里我们比较下 z 轴的值，$a_3{}^2=-1$，a_3 又是实数，所以结论和假设是矛盾的。因此我们可以得出：三维空间不存在对应数。

此处的结果，数学家很容易推导出来。对于"空间对应数"存在质疑最多的是四维空间。因为哈密尔顿发明的四元数竟然不满足乘法交换律，这是让人万万没有想到的。但这也不足为奇，毕竟四元数的提出，本身就震撼了数学界。

后　记

一切的根本

公元前 3000 年左右，埃及人建造了金字塔。在建造过程中，他们难道没有借助数学这一工具吗？可能对于他们而言，运用了属于自己的"数学"方法吧！

埃及人的数学水平竟足以建造一座金字塔，这让我无比惊讶。但比这更让人吃惊的是公元前 500 年希腊人的数学思维与现代人相比竟然毫不逊色，反而在某种程度上，比现代数学更卓越，更庄严，更感人。他们是如何做到的呢？接下来让我们一起来寻找答案。

对希腊人来说，数学是追求本质的学问，所以数学自然而然地与哲学联系在了一起。他们试图通过数学找到世界上真正的价值所在，并坚信那便是真理。

其代表人物之一便是以"勾股定理"而闻名的数学家毕达哥拉斯。公元前500年，毕达哥拉斯梦想着通过数学实现人类的改革。他的想法得到了许多人的支持，逐渐形成了一个学派——毕达哥拉斯学派，并走向宗教化。

他将自己的主张口述给他的学生，并告诫弟子传承的方式必须是口口相传而非文字。他认为，如果真正理解了数学（真理），仅凭语言就可以充分传递。遗憾的是，对于毕达哥拉斯学派的伟大成就没有留下任何的文字记载。只留下了一些他们为追求数学真理，献出生命的故事。

那么，对于这个学派，政客们会做何感想？古往今来，当一堆人聚集在一起便会形成一股势力。不论这股势力追随的是谁，对于当权者来说，都是不愿看到的。因而当权者很自然地把毕达哥拉斯学派当作一股政治力量，对他们进行迫害，最终，毕达哥拉斯学派被驱赶，四分五裂。

毕达哥拉斯学派分解后，他们的理论学说被四散到世界各地，所以在欧几里得出现前的150年里，该学派的学说，大多数都是知识片段，缺少系统性。150年之后，亚历山大的欧几里得着手人类历史上伟大的事情之一——还原毕达哥拉斯学派宝贵的研究内容。

欧几里得把这些研究汇编成十三本书，也就是《几何原本》。欧几里得为什么要把这本书命名为"原本（*elements*）"呢？这可能是我们忽略但也是必须重新审视的地方。

"elements"意为一切的根本要素。也就是说，欧几里得在记述这本书的时候，他认为数学并不仅仅是一个学科领域，而是一切的根本要素。在这一点上，他与毕达哥拉斯学派的思想是一致的。

可惜的是，《几何原本》不能在此详述，若大家有机会细读，必定会觉得《几何原本》是一部动人的史诗。理解《几何原本》感人之处的过程，就是复兴它往日辉煌的过程。让书中已沉睡千年的文字再次复活，理解当时欧几里得对真理的极度渴求，恢复数学的精神，可能是这个时代数学所需要的。

《几何原本》在5个常识公理和5个几何公理的基础上，证明了465个并不自明的命题，但真正令人惊奇的是，欧几里得在465个命题的证明中都画了图。

那个时期还没有纸，采用的是价格非常昂贵的羊皮纸。有的命题没有必要加图，却把图画了进去，但欧几里得却没有在最重要的公理理解部分画图。或许他想通过这种对比向后代传递一些东西吧。

《几何原本》中最重要的公理如下所示：

1. 任意两个点可以通过一条直线连接。

2. 任意线段能无限延长成一条直线。

3. 给定任意线段，可以以其一个端点作为圆心，该线段作为半径作一个圆。

4. 所有直角都相等。

5. 若两条直线都与第三条直线相交，并且在同一

边的内角之和小于两个直角和，则这两条直线在这一
边必定相交。

　　以上这5个公理才是最重要的，理解这些才能真
正理解欧几里得《几何原本》的核心。但欧几里得为
什么不在阐释这些公理时插入说明图呢？其实在这里
隐藏着惊人的秘密。

　　因为欧几里得认为这5个公理是真理，而真理是
通过直觉来感知的，不需要通过图画等辅助手段。比
如，根据我们的自然本性，如果某一对象是理所当然
的真理，那么我们不需要更多的辅助来解释它。

　　换句话说，欧几里得认为，我们不应该把几何学
中的5个公理看成是知识的命题，而应该带着人类本
然的心态去读，把它们当成自然而然就能理解的真理。
这与柏拉图所说的永远不会改变的"理念"不谋而合。
因此，在真理上画画反而是对它的亵渎。欧几里得通过
《几何原本》不仅仅是针对数学这一个领域，还想探讨
根源性的治学方法和人的根本问题。因而把这本书命

名为《几何原本》。这不是欧几里得一个人的想法，而是从毕达哥拉斯到柏拉图，一直延续下来，流淌在希腊人智慧里的，是希腊人通过数学追求真理，对人类本质提升的梦想。

希腊人认为，数学既有解释和描述自然的方法论的一面，也具有像柏拉图描述的宗教的一面，通过它可以使人类灵魂变得高尚。但到了中世纪，真理就是神的话语，所以不能有这样的想法。一直到文艺复兴时期，随着恢复希腊精神运动的兴起，数学领域才发生了同样的运动。

这一运动从笛卡儿开始。笛卡儿认为，"我思故我在"。在笛卡儿的哲学思想中，提到了人类的重要性，即使没有上帝，人类也会因为思考而存在，这个观点其实质也是对希腊人本主义的恢复。

但是笛卡儿在重振希腊数学的同时，却将数学的理念和宗教上揭示人本质的先进方面排除在外。他试图通过人类所具有的本有观念来建设自然科学的基础真理，并认为只要能还原成数学的知识，它和本有观念就是一致的。因此，他认为把所有的自然科学数学化就是通向真理的方法。换句话说，他将数学视为一种展开真理的手段，丢弃了希腊人所秉承的"理念"，从而忽视了希腊时代在数学中追求本质这个非常重要的方面。这是令人非常惋惜的一点。

从那之后，数学作为自然科学之父，或者反过来，作为自然科学之子，沦为逻辑展开的手段。此后，对数学的讨论也将焦点放在了逻辑的正确性和可操作性方面，而不再是从意识形态角度出发。这种情况历经世代相传，一直延续到今天。

欧几里得时代的几何是公元前 300 年左右的知识，时至今日，那些理论早已流传了 2300 多年，它被原封不动地传授给了我们，这几乎称得上是奇迹。这些理论能在漫长的岁月里保持不变，自有它内在的道理。而找出其中的缘由，就是恢复原貌的工作，这个过程中无不掺杂着感动。而学习数学就是要理解数学本身所具有的深刻、动态意义的过程，通过这个过程收获感动。因此，学数学和教数学的最大的目标是如何把这份感动找回来。希望我们的孩子们能够本着追求本质而非方法论的精神，在教与学的过程中体会美的价值，不断成长。

世界，用数学来解惑。

이토록 아름다운 수학이라면

版权登记号：01-2022-2757

图书在版编目（CIP）数据

理性逻辑的冰冷与浪漫：数学通识讲义 /（韩）崔
英起著；程乐译 .-- 北京：现代出版社，2022.9
ISBN 978-7-5143-7154-3

Ⅰ．①理… Ⅱ．①崔… ②程… Ⅲ．①数学 - 通俗读
物 Ⅳ．① O1-49

中国版本图书馆 CIP 数据核字（2022）第 085055 号

理性逻辑的冰冷与浪漫：数学通识讲义

著　　者	［韩］崔英起
译　　者	程　乐
责任编辑	赵海燕　王　羽
出版发行	现代出版社
通信地址	北京市安定门外安华里 504 号
邮政编码	100011
电　　话	010-64267325　64245264（传真）
网　　址	www.1980xd.com
印　　刷	三河市国英印务有限公司
开　　本	787mm×1092mm　1/32
印　　张	7
字　　数	95 千字
版　　次	2022 年 9 月第 1 版　2022 年 9 月第 1 次印刷
书　　号	ISBN 978-7-5143-7154-3
定　　价	49.80 元